NF文庫
ノンフィクション

補助艦艇奮戦記

「海の脇役」たちの全貌

寺崎隆治ほか

潮書房光人新社

補助艦艇奮戦記——目次

写真提供／各関係者・遺家族・「丸」編集部・米国立公文書館

補助艦艇奮戦記

「海の脇役」たちの全貌

水上機母艦「日進」と重火器輸送作戦

ガ島を奪還すべく戦車銃砲や人員輸送に狩り出された異形軍艦の奮戦

当時「日進」主計長・海軍主計大尉　春日紀三夫

私が艤装員（呉海軍工廠にて建造中）を経て主計長を拝命した軍艦日進（昭和十七年二月二十七日就役、連合艦隊所属となる）は、海軍公報上では水上機母艦であったが、実際は特殊潜航艇（特潜＝甲標的）の母艦であった。

したがって、舷側に横付けした特殊潜航艇を艦内（ホールド）に収容するため、両舷に二基ずつ重量クレーンを装備していた。本来の建造目的は、艦隊決戦時に搭載している特殊潜航艇を艦尾より進水させ、同艇をもって敵艦を攻撃せしめることにあると聞いていた。

しかし、日進は建造目的に適応した海戦に一度も参加することなく、皮肉にも、軍艦としてはめずらしい重量クレーンという装備を活用され、主として南東方面輸送作戦に従事し、昭和十八年七月二十二日、南太平洋ソロモン諸島のショートランド島北水道入口で、就役後

春日紀三夫主計大尉

わずか一年五ヵ月の生命を終えたのであった。

ともあれ、昭和十七年八月七日、米軍はわが海軍が米豪遮断作戦の基地とするため、海軍設営隊と少人数の警備隊を派遣して飛行場を建設中であった南太平洋ソロモン諸島のガダルカナル島（ガ島）に来攻した。

当時、上陸した米軍は、わが海軍が造成中であった飛行場を直ちに整備し、上陸後わずか二週間ぐらいで小型機の発着を見るようになったといわれている。

かくして、ガ島方面の制空権が米軍の手中におさめられたため、戦局は漸次、わが軍に不利となってきていた。爾来、ガ島は日米決戦の主戦場となり、日米両軍ともに増援部隊を投入して、壮烈な争奪戦をくり返すことになったのである。そこで連合艦隊司令部は、陸軍と協議のうえ、重火器を保有する大規模な陸軍増援部隊を投入してガ島を奪い返し、戦局の挽回をはかることになった。かくして戦車、重砲、野砲、車輌、大発、弾薬などの重火器と増援部隊人員を緊急輸送揚陸するため、重量クレーンを装備している日進に出動命令が下ったのである。

時は昭和十七年八月下旬のことであった。当時、日進は瀬戸内海にあって、大東亜地域全体の戦局に一喜一憂しながら、どちらかといえば、のんびりと特殊潜航艇の訓練に従事していた。それが急きょ出動することになり、フィリピンのダバオに向かうことになった。

ダバオより陸軍の戦車、重砲その他の重火器と増援部隊を搭載した日進は、トラック島、ラバウル経由で九月十七日、ブーゲンビル島ブイン沖合のショートランド島泊地まで進出待機することになった。トラック島入港の一日前よりショートランド島到着まで、駆逐艦の護衛をうけ、いよいよ戦地に来たなという感じと、これから、さらに大きな危険が待ち構えているだろうなという不安な気持が交錯して、複雑な心理になるのを禁じ得なかったことは事実であった。

他方、ショートランド泊地の自然はじつに広大で、小さい島が点在しており、瀬戸内海の艦隊泊地であった柱島泊地と同様に波静かであった。平和なときにこんなところへ来ることができたとしたらどんなに素晴らしいことだろう、という感想もあわせ持ったことを覚えている。

さて、ラバウル海軍軍需部よりブインにある根拠地隊へ糧食の補給を依頼されていたので、内火艇で揚陸し引渡しを完了後、付近一帯を視察した。

ブイン基地に飛行場建設中の設営隊員が、スコールのためぬかるみになった道で、大勢で地ならし用のローラーを苦労して移動させていた。そんな姿を見て、こんなやり方では航空基地建設のスピードが思いやられると嘆いたりした。また、付近の海浜に停泊していた陸軍の大発数隻に近づき、兵士数名と話をかわしてみた。陸軍は糧秣として米、乾パンと粉末調味料（みそ、しょうゆ等）しか所持していないという。副食はどうするのかと尋ねたところ、彼らは手榴弾を見せて、これ一発で魚は充分とれると笑っていた。

ここで、陸軍の糧秣現地調達方式と、海軍の基地補給方式のちがいを、まざまざと体得したことも想い出のひとつである。たしかに海軍は、乗艦が沈まないかぎり、糧食には心配がない。と同時に、死なばもろともという運命共同体である。こんな環境からネービーマインドの一部が熟成されてきていると思った。

ショートランド泊地待機中は、毎日のように空襲があるので、夜明けとともに漂泊し、日没とともに島かげにひっそりと停泊するという毎日であった。

九月末日にいたり、日進のガ島突入輸送は三回に分けて実施され、その第一回目は十月三日と決定された。そこで十月二日中に輸送重火器および人員の搭載を終了した。主計長として初めて戦闘食の準備を完了した夜は、海軍士官としてはじめて体験する戦闘とはどんなものであろうかと思いをめぐらし、ほとんど眠られなかったように覚えている。

第一回輸送=十月三日~四日

ショートランド泊地の夜は明けた。午前六時、出航ラッパの音とともに出撃、日進は護衛駆逐艦を左右に一隻ずつ従えて、一路ガ島に向かった。出航後まもなく、日進搭載の水上偵察機が発進し対潜哨戒についた。そのうちに、日進および駆逐艦の上空には、味方零戦数機が上空警戒のためにやって来てくれた。頼もしいかぎりである。

しばらくすると、見張員より偵察機らしき敵機の触接を報告してくる。双眼鏡で見ると、はるか遠方の空間に、雲で見え隠れしながら敵機がわが隊に触接しているのがわかる。おそらく、ガ島の敵基地にわが隊の進撃を報告したことであろう。味方戦闘機が上空警戒してくれているためか、敵機は遠方にいるのみで、近づいて来るような様子もない。副長は敵機来襲はおそらく午後からであろうと解説してくれた。いよいよ生まれてはじめての戦闘が間近に迫ってきたなという緊迫感が、身をつつんできた。

出撃後における主計科士官の任務は、戦闘記録の作成であったが、記入の方は部下である庶務主任（主計少尉）が主任者として、やってくれた。

自分の配置場所は艦橋である。敵機来襲を予想して、午後から艦長は艦橋上部甲板に掌整備長、伝令員を従えて陣どった。操艦は航海長がやっている。伝令員の艦内放送が多くなる

日進。水線長188m、14cm連装高角砲３基。純ディーゼル艦で罐用煙突がない。中部４本のクレーン支柱上に天蓋はない

にしたがい、緊張感が全艦をつつんで来つつあるのが、眼に見えるようだ。

夕方近くなると、味方の零戦が引き揚げてしまった。突然、不安な気持が全艦を襲ってくる。艦橋に入り航海長に聞くと、零戦は航続時間の関係で、日没時までに基地に帰らねばならぬためとのことであった。しかし、われわれの不安は間もなく解消された。というのは、味方の水上機数機が上空警戒にやって来てくれたからである。

しかし、喜びも束の間、敵機来襲、「全員戦闘配置につけ」と戦闘命令が発令された。最大戦速が指令されたとみえ、艦速は急激に早くなってきた。上空をながめると、十機ぐらいの敵機が編隊でやって来つつあった。艦爆とのことである。

味方水上機も、迎撃体勢に入ったようである。彼我の空中戦がはじまったと思っているうちに、敵機は味方水上機の攻撃を避けながら、一機ずつ日進にたいし急降下で突っ込んでくる。艦長は力一杯の声で取舵面舵（とりかじおもかじ）の号令をかけて、けんめいに爆弾を回避する。艦は艦長の命令どおりに左へ右へと急角度に針路を変える。

敵爆弾は舷側付近に落ちたらしく、水柱が艦体を覆ってくる。艦橋の周囲に設置されている二五ミリ三連装高射機銃が、うなりを上げている。緊張と夢中と無我の時間が十分か二十分ぐらいかわからないうちにすぎると、あたりは静かになったような気がした。

正気にもどってみると、艦対空の戦闘は終わっていたのであった。至近弾による水柱で上甲板は一面に濡れている。

機銃の薬莢が、銃座付近の甲板にまき散らしたようにころがっている。機銃員は自分を忘れたような姿勢で、機銃のまわりに座り込んでいる。上甲板以上の甲板にいる者も、艦内にいる者も、みな一様に緊張のあとの忘我の境地にいるのではなかろうか。

しかし、艦のみは黙々と前進をつづけている。自分の気がつかぬ間に、戦闘後の諸処置にたいする発令がなされたのであろう。あとで副長に聞いたのであったが、味方水上機の援護のため敵艦爆の行動が妨害されたので、幸い命中弾がなかったとのことである。もし命中していたら、艦橋付近にいた自分は、海中へ吹き飛ばされていたであろう。当方の損害は、至近弾による若干名の負傷者と、艦体に軽微な損傷をうけた程度であった。ともかく、自分としては初めて体験した第一回の戦闘は、損傷も軽微で終わったのであった。

まもなく夕闇となり、先ほど激しい戦闘があったことなど嘘のような、静寂な海面にもどった。そこを日進は、対空戦も忘れてしまったような感じで、船足を早めつつ、今後の揚陸地点であるガ島タサファロングに向け一路進んでいる。

夜になると、敵機来襲の虞れもなくなったので、かねて準備しておいた戦闘食の夕食配給をはじめた。搭乗している陸軍兵士にとって、この夕食が安心して食べられる最後の食事になるだろうな、と思うほどの精神的余裕が出てきた一時であったことを覚えている。

午後九時ごろ、目的地のタサファロング海岸に到着、漂泊のままの状態で揚陸作業がはじまった。まず揚陸用大発が降ろされる。大発のなかへは重砲その他の重火器および人員がつぎつぎに積み込まれて、陸岸にむけ発進していく。

どうか予定どおり、敵ルンガ飛行場付近に進出して敵陣地を攻撃、飛行場を奪回して、ガ島作戦の目的を達成してもらいたいと祈りつつ見送っていると、突然、艦内に「敵機来襲、全員戦闘配置につけ」が発令された。

そのときはまだ、揚陸物件および人員の積み降ろしが全部終了していなかったが、揚陸は直ちに中止され、全員戦闘配置についたのであった。

突然、艦の周囲が明るくなった。敵機の吊光弾が輝き出したのである。直ちに数機の敵機が爆撃してきた。夜間のためか、爆弾は比較的遠方に落ちていた。艦の方からは、残念ながらよく見えないように思われたが、二五ミリ三連装高射機銃は唸(うな)りながら発射されている。日進が対空戦闘を行ないながら、急ぎガ島よりの離脱をはかり、護衛駆逐艦とともに帰路についたのは午後十一時ごろであったと思う。揚陸時間はわずか二時間ぐらいしかない。しかも敵機の襲撃下である。米軍は白昼に増援物資および人員の揚陸を行なっており、わが航空隊の爆撃時のみ避退しているとのことである。日本軍は海軍艦艇による夜間の短時間の補給のみで、これでは補給作戦において彼我の優劣は明らかである。制空権のない補給作戦の不利と空しさとを、つくづくと感じさせられた。

帰途、夜明けごろより、大型駆逐艦が新たに護衛についてくれた。味方の水上機も、昨日と同じく上空警戒についてくれる。味方機を見るにつけ、飛行機のありがたさと、その搭乗員が命がけで輸送隊を守ってくれることにたいする感謝の念でいっぱいになる。戦闘機にくらべ、フロートのついた水上機では敵機との戦闘も不自由であろう。

きのう日没時の戦闘では犠牲者も出たのではないだろうかと思いめぐらしていると、敵機来襲警報が発令され、ふたたび戦闘配置につく。

艦は船足をはやめ蛇行をはじめた。このときは、B17爆撃機の水平爆撃と雷撃機との同時攻撃を受けた。味方水上機は敵爆撃機を妨害することはできたが、敵雷撃機が水平線の方向より低空で突っ込んでくるのを妨害することはできない。艦長は昨日と同じように取舵面舵を発令しながら、けんめいに敵弾を回避する。

昨日夕方と同じく激しい対空戦であったが、敵機の数がきのうと同様に十機内外であったので、なんとか切り抜けることができた。

無事にショートランド泊地へ帰投したのは、正午前ごろであった。帰着後、本日の夜明け時より新たに護衛にきてくれた大型駆逐艦は、秋月という最新鋭の防空駆逐艦であることを知った。増援輸送作戦指揮官が、日進をふくむ輸送部隊の安全にたいし強く配慮されていることを知り、心強さを覚えたのであった。

第二回輸送＝十月八日〜九日
日進と護衛駆逐艦秋月は、同行の輸送駆逐艦四隻とともに前回と同じく午前六時、ショートランド泊地を出撃した。日進搭載の水上偵察機は出撃後、直ちに発進、対潜哨戒についた。味方零戦も上空警戒に来てくれた。まもなく敵大型機が一機、わが方に触接をはじめた。わが方の戦闘準備は、まったく前回と同様である。
昼すぎごろ、敵の艦爆が数機来攻する。直ちに戦闘配置についたが、敵機の数が少なかったため、上空直衛の味方零戦が相手をしただけで終わった。その後は珍しく敵機の来攻もなく、日進部隊はガ島への進撃をつづけ、日没三十分ぐらい前になった。このときも前回と同じく零戦隊は基地に引き揚げ、交代に水上機数機が上空直衛についていた。

やはり、敵機はやってきた。あたかも日進部隊の上空警戒機が、零戦から水上機に交代するのを待ちかねていたかのように現われる。しかも今回の陣容は戦闘機、艦爆、雷撃機あわせて二十機ぐらいの大編隊であった。敵側も前回の失敗にかんがみ、機数と機種をふやしての攻撃である。艦内に緊張がみなぎった。

日進部隊は直ちに各艦ごとに対空戦闘に入り、対空射撃を続行しながら蛇行航法をはじめた。空中では味方水上機が敵機と交戦しているが、敵機もさるもの、味方機の攻撃をうまく回避して、日進上空に代わるがわる急降下で爆撃してくる。二十機ほどの敵機来襲は初めてである。日進は前回と同じく最大戦速で、黒煙をはきながら蛇行航法で爆撃を回避していると、敵雷撃機が海上スレスレに突入してくる。そして近距離で魚雷を発射したのであろうか、日進に突き当たるのではないかと思われるような姿勢で、急上昇して逃げていく。

こんどこそ魚雷にやられたなと観念したが、艦長の操艦よろしきを得て、無事回避することができた。そのときは、全身に張りつめていた力が、急に抜けてゆくような思いがしたものであった。艦長はまったく大変である。爆撃機と雷撃機の双方に注意を払いながら、変針の号令をかけねばならぬからである。

今回の爆雷撃は敵機の数が多かったにもかかわらず、味方水上機の迎撃が成功したのであろう、また至近弾の落下地点が舷側より相当離れていたためか、艦体と人命にたいする損傷がまったくなかったことは、本当に幸いであったと喜び合ったしだいであった。そして、この戦闘により上空護衛の味方機数機があるかぎり、二十機ぐらいまでの敵機ならなんとか回避することができるという自信を、乗組員一同が持つことができるようになった。

戦いも終わり日も暮れて、日進部隊は予定どおり午後九時ごろ、タサファロングに到着、揚陸を開始した。敵機の攻撃もなく午後十一時前に揚陸を完了し、同行の駆逐艦とともに帰途につくことができた。

帰航時、夜明け後まもなく、敵戦爆連合十機内外の攻撃をうけたが、上空直衛の味方水上機の活躍によりなんらの被害もなく敵機を撃退して、正午前にショートランド泊地へ帰投することができた。味方水上機の敵機迎撃は、まったく素晴らしかったと一同感謝した次第であった。

第三回輸送＝十月十一日〜十二日

第三回目の輸送は、日進のほかに千歳（ちとせ）も参加して実施されることになった。秋月ほか駆逐艦二隻の護衛のもと、午前六時、ショートランド泊地を出撃した。

出撃後、前二回の出撃時には、味方零戦が基地よりの距離と、夜間着陸設備の不備により、日出没前後一時間帯には上空警戒配備につくことができぬため、水上機と交代していたが、今回は日没後まで零戦が上空直衛につくことになったと聞かされた。これは前二回の出撃時の経過から見て、今回はさらに大規模な敵機の来襲が必至と判断されたためであろうと想像された。やがて来るであろう敵機来襲の猛烈さを覚悟したのであった。

ところが、出撃後、二時間ぐらいたってはじめて敵大型機一機に触接されただけで、予期に反し、この日はまったく敵機の来襲はなかった。準備を周到にしたときには敵機の来攻はなし。戦闘とは、こんなものかと愚想したが、事実はちがっていた。

というのは、後でわかったことではあるが、敵機の来攻がなかったのは、わがラバウル基地の航空部隊がガ島敵飛行場の攻撃を実施し、この日は天候に恵まれて多大の戦果をおさめたためであった。すなわち敵側も、自分の航空基地をわが軍に攻撃され、日進輸送部隊を攻撃する余裕がなかったためであった。

日没をすぎて、輸送部隊の周囲が薄暗くなりはじめたころ、上空直衛零戦六機の収容作業が開始された。輸送部隊が停止漂泊にうつると、護衛駆逐艦より短艇がおろされた。零戦は短艇の舷側近くに着水するのだ。そして、着水した零戦より搭乗員のみを収容し、機体は放棄するのだ。陸上機の着水訓練などやっていたかどうか、自分にはわからない。おそらく、やっていないのではないか。うまく着水することができるだろうか、こんなことを考えているうちに、やがて一機ずつ着水するのが見えた。

なかには、やはり着水に失敗して突っ込んでしまうものもあった。突っ込んだ零戦の搭乗員は、どうなったであろうか。おそらく、尊い犠牲者になったのではないだろうか。日進艦上よりは、闇のなかで細かいことはわからない。やがて収容作業が終了すると、輸送部隊は隊形をととのえて前進を開始した。自分はこの零戦の収容作業を見て、ひとり口のなかで感傷的にこう言ったと、いまでも薄ぼんやりと記憶している。

――戦争には高価な犠牲が要求される。内地では零戦が愛国機として各方面で献納されている。戦闘により失うのは、戦争なるがゆえにやむを得ないが、戦闘以外のことで、不足している搭乗員の高価な人命と機材を失うのはまことに残念だ。自分たち輸送隊は守っていただいて感謝に堪えないが、自分たちを日没時まで守ってくれた戦友と飛行機が、尊い犠牲になっていることを思うと、痛恨に堪えない。零戦には日没後になって帰る燃料がないのだろうか。帰る基地が間に合わないのだろうか、と。

なんとも申し訳なさと、やるせない気持でいっぱいであった。

途中、戦闘がなかったので、予定より早く、午後八時ごろにタサファロング着、直ちに揚陸を開始した。

ところが、この日の夜は予期していなかった大きな海戦が生起した。というのは、わが輸送隊の揚陸中に、近距離の海上で艦隊間の夜戦が突如勃発したのであった。

曳光弾が双方より発射されている夜戦の光だけが、日進艦上からもよく望見された。曳光弾はじつに美しい。四十五年以上も年月が経過した日の想い出であるから、美しかったなどと言えるのかもしれない。海軍生活の中でただ一度の艦隊夜戦の体験であったが、それは自分の乗艦の戦闘ではなく、他艦隊夜戦の望見であったのだ。

しかし、時がたつにしたがい、心配になってきた。敵味方の状況はどうなっているのだろうか。

自分たちにとっては戦況不明のまま、まもなく戦闘は終わり、ふたたび元の暗闇に戻った。揚陸作業はつつがなく終了し、帰途についたのが午後十一時ごろであった。輸送隊は翌朝敵機を見かけたが、対空戦闘もなく、別動せる味方艦艇と途中合同して、午後、ショートランド泊地に無事帰着した。

帰着後に判明したことであるが、前夜の艦隊夜戦は、ガ島飛行場夜間砲撃のため出動した第六戦隊の重巡青葉、古鷹、衣笠の三隻と護衛駆逐艦二隻が、これを待ち受けていた米艦隊と、ガ島付近にあるサボ島沖合で暗夜遭遇して夜戦となったものであった。のちにこの戦闘は、サボ島沖海戦として発表された。

第三回目の輸送終了後、日進は次回の出撃命令があるまで、ショートランド泊地に滞留することになった。滞留中はほとんど毎日、来襲敵機と対空戦闘をくり返していた。しかし、ガ島方面の戦況は日進のごとき大艦の輸送には不適当となってきたため、トラック島帰投を発令され、十一月一日にショートランド泊地を出発し、十一月三日トラック島着、待機となったのであった。

このあと日進は、昭和十八年七月二十二日午後一時四十五分、ブーゲンビル島ブイン沖合にあるショートランド島北水道入口において、戦爆連合一〇〇機以上の空襲をうけ、爆弾六発の命中により沈没している。これは私の退艦後の出来事であった。

ふしぎな軍艦〝水上機母艦〟の数奇な運命

平時は水上機を戦時には特殊潜航艇を搭載する奇想天外艦の誕生技術秘話

当時 海軍艦政本部部員・海軍技術中佐　加藤恭亮

忘れもしない昭和十二年十月十八日——新鋭大型潜水艦の深々度潜航公試運転の日である。

「深度五十メートル、各区歪み(ひず)はかれ」

深度計に目をこらしている先任将校のきびしい声が、静まりかえった潜水艦内にひびきわたる。

「機械室、上下二ミリ、左右一ミリ強」「発射管室、上下一ミリ、左右なし」各区からつぎつぎに伝声管を通じて発令所に報告がかえってくる。それが終わったところで「各区漏水箇所しらべ」が発令される。

これが終わると、十メートルごとに水圧による船体の歪曲(わいきょく)の具合と漏水(ろうすい)の状況とをしらべつつ、深度をしだいに増して行くのであるが、重大なことなので一同は慎重そのものである。

なにしろこの水圧というやつは、じつに大きなもので、仮りに百メートルもぐった場合に、

加藤恭亮技術中佐

わずか一平方センチの面積に十キロの圧力がかかるのだから、大型潜水艦全体のうける水圧は大ざっぱに見積もっても、一億五千万キロという厖大な圧力になる。つまり七十五キロという大兵肥満の大男二百万人分の体重に相当する莫大な圧力がかかるというのだから、大したものである。

こうした大きな水圧に対して、船体がくぼんだり、折れたりしないように、また漏水しないように設計建造しなければならない。計算や模型実験では大丈夫ということになってはいるものの、多くの人を乗せて深海での実地実験だから、この公試運転の主任官である私としては、緊張しないわけにはいかない。刻々と各区から知らせてくる数字でカーブをえがきながら、そのつど確信がついたところで深度を増やしていく。

公試は順調にすすんで、深度はしだいに増していく。伝声管をつたわる号令以外はみな静まりかえって、咳(せき)ばらい一つする者もない。深度十メートルを増すごとに、艤装員長（完成して引き渡すと艦長になる予定者）は「大丈夫ですか」といわんばかりに、無言で私の顔色をうかがう。歪みは少しずつではあるが増してくる。しかし、この程度では、もちろん心配ない。

「艤装員長、深度六十にしてください」艤装員長は無言で大きくうなずいて、「深度六十。水平に静かに持っていけ」

潜舵手は復唱しながら下げ舵をとり、それにつれて横舵手はたくみに横舵輪をあやつるので、艦は大して前後傾斜もせず、ぐんぐん深度を増していく。

こうして、六十、七十メートルと、しだいに深々度に入りながら公試運転を続行していく。計画どおりの深々度公試をとどこおりなく終えて、海面に浮上するのだが、透きとおるような秋の陽光をいっぱいうけて艦橋で歓談しながら、瀬戸内海の島々をぬって母港の呉に急ぐみんなの顔は、一様に晴ればれとしていた。

奇異に感じた水上機母艦

夕刻帰港、さっそく工廠長に経過報告をした。終始もくもくと聞いていた豊田貞次郎中将は、「そりゃ結構――ご苦労だった」と満足そうにうなずいて、ちょっと思案していたようだったが、いそいで言葉をあらため、「臨時工廠長会議で上京していて今朝帰ったばかりだが、君の転勤を人事局長から聞いてきたから伝えておこう。来月十日付で、海軍艦政本部員兼軍技術会議議員になるそうだが、なんでもよほど機密にわたる大事な仕事らしいから、大いに自重健闘してくれたまえ」

やがて月が変わって発令されたので、さっそく艦政本部に出頭すると、第四部（造船関係主務部）の基本計画主任である福田啓二技術少将から申し渡された。

「君は潜水艦班（第四班）の班長として、潜水艦全般の基本計画および詳細設計を担当してもらいたい。なかでも現在急を要するのは、特殊潜航艇と水上機母艦千代田の設計で、なかなか難しいから、すべては片山君（前任第四班長で、設計主任に昇格した片山有樹技術大佐）によく聞いて、やってくれたまえ」

「はてな?」思ず小首をかしげて、こうつぶやきかけたが、ぐっと唾をのみこんで言葉に出さなかった。それほど水上機母艦という言葉が奇異に感じられたのである。これまで呉の造船部検査官・潜水艦部部員・潜水学校教官を兼ねて、かなり多面の仕事をしてきたにもかかわらず、特殊潜航艇という名前は、呉ではついぞ耳にしたことがなかった。

それほど隠密裏に中央で計画されていたものらしいので、これは一筋縄ではいかない、と直感しないわけにはいかなかった。しかし、それにしても潜水艦の一種にはちがいないだろうから、やってやれないことはないだろうと、前任者から聞くまえから、大体のたかをくっていた。とはいっても水上機母艦とは奇妙だなと、思わずにはいられなかった。

潜水艦もしだいに大きくなって、水上飛行機の格納庫を背中(上甲板)に背負い、上甲板で組み立てたものを射出発進させるカタパルトを装備している潜水艦まで出現している時代だから、何機かの水上飛行機の母艦の役目をする潜水艦だって出現しないともかぎらないが、それにしても、潜水艦が水上機の母艦になるなどということは、ちょっとありそうにもない。

——そんなことを頭に思い浮かべながら、出発先から明日帰ってくるという片山有樹大佐の説明を聞くことにした。

その夜一晩、いろいろと想像の翼を張り、妄想をたくましゅうして、特殊潜航艇および水上機母艦に関するいろんな想像図を脳中にえがいて夢をたのしんだが、いま思い出しても微笑ましくなるような、秋夜一夕の夢物語であった。

和戦両刀がまえの設計で

ところが、くわしく説明を聞いてみると、かなり意外なことばかりだった。まず、水上機母艦というのは、特殊潜航艇の存在をカモフラージュするためのもので、「水上機」の名前を冠したばかりでなく、事実、水上機の母艦として平時は使い、いざ戦争という間際に特殊潜航艇の母艦に改装して、敵の意表をつくような働きをさせようというのだ。

母艦と一口にいっても、二種類ある。だれでもよく知っている航空母艦は、普通たくさんの飛行機を艦内に格納していて、母艦から自由に発艦したり、着艦させることができるし、飛行機搭乗員の宿泊、休養、娯楽なども自由に行なうことができる。これにくらべて潜水母艦というのは、潜水艦乗員の宿泊、休養、娯楽設備と、潜水艦への燃料、糧食、清水などの補給その他のつとめはするが、潜水艦を母艦の艦内に抱いて行くなどということはできない。ところが、水上機母艦千代田級は特殊潜航艇を多数艦内におさめて、はるか外洋に出動し、荒天時に高速航行中でも自由に特殊潜航艇を発進させて、持ちまえの水中高速力を利用して、敵主力艦の意表をついて攻撃をくわえようというものである。

したがって、千代田級の話をしようと思えば、まず、この母艦の愛児である特殊潜航艇のことを説明しなければ、話の筋道があわなくなる。母は子によって生きがいを感じ、子の立身出世によってその名をあらわすことができる。子あってこその母である。であるから、母艦千代田の話に入るにも、まず特殊潜航艇の説明をしておかなければならないと思う。

特殊潜航艇の生い立ち

特殊潜航艇の設計担当を命ぜられた、と前記した。しかし、私が着任するより数年前にすでに出来あがっていた。ただ動力関係その他の大幅な改変をすることになっていたため、その改造設計を担当したのであった。であるから、順序としてこの特殊潜航艇が生まれたそもそもの発端からの、経過を述べてみよう。

名前は、はじめから特殊潜航艇と号していたが、発案者は魚雷の大型化であると信じ込んでいたらしい。その証拠には、魚雷が円筒形で全長は直径の七倍から八倍くらいであるのと同じように、この特殊潜航艇も、人が操縦する最大限度という意味あいから直径二メートルとし、長さをその約十倍強とした。原動力は、魚雷そのままの方式を大きくしたものと、電池式のものと、電池とディーゼルを並用したものとの三種を発案した。

後年、この発案により「海軍技術有功徽章」を授けられた岸本鹿子治海軍少将（当時大佐で艦政本部第一部第二課長）の回顧談はたいへん興味深いし、参考にもなるので、その一部を要約する。

『――昭和五年から七年にかけて軍縮会議、上海事変、満州国成立、リットン報告公表、米英の中国支援表面化など、物情騒然たる情勢だった。対英米五・五・三の海軍の劣勢を補うためには、優秀な大艦巨砲主義も悪くはないが、経済面からも国民性の特色からいっても、魚雷による奇襲作戦という伝統的戦法を強化することが、きわめて肝要と考えた。そこで人間操縦の大型魚雷を目安にして考案した。

千代田。水線長183.9m、12.7cm 連装砲２基。中部クレーン支柱上に空母改造時の飛行甲板を想定した天蓋が張られている。千代田のみ甲標的12基搭載

主力艦の戦闘速力二十ノットにくらべて、一倍半の水中速力三十ノット、航続距離六万メートル、操縦者二名、魚雷二門という、従来の潜水艦とくらべて比較にならぬ水中高速力を利用して、艦隊決戦に利用するつもりで企画した。

昭和七年はじめ、この構想を極秘裏に発表したところ、海軍省、軍令部、艦政本部の最高首脳はこぞって賛成だった。ただ伏見宮軍令部総長から、乗員は帰って来られるようにしてもらいたいとの人道的な質問があって、そのように考慮してあると返答したので賛同をえられた。

昭和八年に入って、まず無人自動操縦のものから航走試験をはじめて、荒天時の実用実験まで順当に経過した——』

魚雷から変身した特殊潜航艇

魚雷の主務課長の岸本大佐のみごとな着想が実をむすんで、一種の大型魚雷として研究実験をすすめていたようだったが、司令塔がつき、潜望鏡が使われ、人が二人も乗るのでは、いつまでも魚雷扱いするわけにはいかないので、関係各部の意見をくんで第四部（造船）で総合計画をする必要がある、ということにきまった。

そこで前述のように片山技術大佐が最初の特殊潜航艇の基本設計を終え、試作の結果、実用に供しうるという目安がついた。大綱は変わらないとしても、実用試験の結果、改造をしなければならない部分が続出することは、この種のあたらしい艦種の場合は、当然ありがちなことなのである。こうした諸点を考慮に入れて「改良型特殊潜航艇」を設計することになって、昭和十二年十一月に私が着任したのだった。

どの艦種でも、それぞれに難しい点がある。巨大で複雑な戦艦は戦艦なりに、また軽量強靱な駆逐艦にもそれ相応の苦心がいるというように、いずれも優劣はないであろう。しかし潜水艦の場合は、たとえば安定性能（復原力）ひとつ考えても、水上と、水中と、潜航浮上の途中との三様の計画をしなければならないし、水上、水中両様の原動力だとか、重量と浮量の釣合だとか、水中での高圧に耐える構造だとか、衛生施設の特殊考慮などのような複雑な問題が多い。

それに特殊潜航艇ともなると、じつに複雑精緻をきわめ、たとえ一グラムの重量も、一立法センチの容積もおろそかに扱えないくらいやっかいなものである。

ことに艦政本部第四部では、軍令部などの用兵上の要求と、水雷、電気、機関、光学兵器などの諸方面の意見とを調整総合して、調和のとれたものに取りまとめなければならないので、責任は重大である。

私は大小いろいろな潜水艦に関係してきたが、目あたらしくて、各種の要求が深刻で、機密度が高くて、しかも精密をきわめたこの特殊潜航艇ほど、難しいものに出会ったことは初めてだった。

変幻自在の〝水上機〟母艦

改造型の特殊潜航艇と同時にはじめた水上機母艦の設計は、潜水艦にくらべれば、比較にならぬほどやさしいものだったが、やっかいな点が二つあった。

その一つは、ふだんは名実ともに水上機母艦としての役目を果たせるための施設を行ない、戦争近しの機運があれば、すぐさま特殊潜航艇十二基を装備して、それを急速円滑に発射できるようにしなければならない。

そのためには搭載する飛行機から潜航艇への転換が、隠密裏に、そしてすみやかにできるように、どちらの装備も前もって十分に考慮しておかなければならない。

ちょっと考えても、空中と水中と、まるでちがう性質のものを相手にしての話だから、簡単なようで、その実けっして簡単でない。

はやい話が、搭乗員にしてからが、いわゆる飛行機乗りと潜水艦乗りとでは、気質も態度も要求もてんでちがう。

どちらにも合うようにとか、どちらからでも変換しやすいようになどということは、口では簡単にいうが、実際には大きなことである。

特に船体の改造という点では、たとえば臨戦準備一ヵ月間に特殊潜航艇用に変更などと要求がでても、支障なく改造できるためには、はじめからの装置をよほど考えておかなければならない。

極端にいえば、水上機と特殊潜航艇とでは、格納する場所すなわち甲板用の高さからして違うはずである。一事が万事この調子なので、設計はなかなかやっかいだったが、いちばん苦心したのは特殊潜航艇の射出装置だった。

なにしろ、大洋の真ん中で、彼我両方の主力と主力とが艦隊決戦をしようという直前に、千代田、千歳からわが特殊航艇を発進させて、当時どこの国にもなかったほどの水中高速力をもって、敵の主力艦にとつじょ襲いかかろうというのであるから、射出発進の条件はなかなか難しい。

輸送艦に搭載された甲標的(特殊潜航艇)。左方の艦首に２門の魚雷発射管

というのは、まずどのような荒天でも発進できなければならない。また母艦が全力航行中でも、あるいは転舵回転中でも発進する必要がある。

しかも搭載する十二基全部を、間髪を入れずにぞくぞくと発出させなければならない。尖った艦首部から撃ち出すわけにはいかないので、艦尾の水線からすこし上方に大きな発射口を設け、母艦が全力疾走のため、泡立つ白浪を猛然とあげているその中へ、あまり大きくもない特殊潜航艇をすべり降ろして、すぐさま全力で発進させるのだ。

しかしこのとき、母艦の艦尾波に巻きこまれるかもしれないし、母艦の上下左右への振動や動揺につれて、発射口の縁にぶっつけないともかぎらない。小山のような大洋の荒波にもまれながら、母艦が猛進撃をつづけ、しかも一瞬の遅滞をもゆるされない危急存亡のさなかにあってのこの連続発射作業は、ちょっと考えただけでも、すごい放れ業である。

いろいろな状況を想定し、微細にわたっての計算をも試みたうえで設計をすすめて行ったが、この種のことは、計算で算出したり、予測したりできない要素が多いので、じつに閉口した。しかし、出来ないではすまされない。いかに熾烈な状況のもとでも、急速、連続、安全な射出ができなければ、たとえにいう〝仏つくって魂入れず〟に等しいので、是が非でもやりとげなければならなかった。

悪天候の中でみごと発進

苦心惨憺の結果、設計もすみ建造も終わって、いよいよ実際の千代田と特殊潜航艇とを使って、大洋の真ん中に乗り出し、わざわざ低気圧の中心をさがして、そこへ出かけて実地実験をすることになった。

その実地実験は、特殊潜航艇の実用価値があるか、ないかを定める重大なことなので、艦政本部の最高責任者の豊田貞次郎本部長までわざわざ立ち会うという、ものものしい空気のうちに、いよいよ実験が開始された。

天候は注文どおり険悪で、母艦は木の葉のように動揺する。特殊潜航艇の乗員たちは各艇にそれぞれ乗り組んで、発令のくだるのを待つ。艦尾の大きな発射口がひらかれて、艦尾波の白い泡が小山のように盛り上がって見える。設計の責任者である私としては、このときこそ、まさに神に祈りたい気持であった。

やがて秒読みがはじまり、第一基の繋止装置がはずれて、特殊潜航艇はするすると滑りはじめ、発射口からざんぶとばかり海中におどりこみ、白波をついて突進をはじめた。

「成功！」思わずでる大きな吐息。

つづいて第二基、第三基と、てきとうに間をおいて発進した。

「よかったなあ、加藤中佐──おめでとう」近寄って声をかけてくれる艦政本部長の感慨をこめた挨拶に、ただ黙って頭を下げるほか術はなかった。太平洋戦争勃発の一年前、昭和十五年暮れ近いころのことであった。

潜水母艦「大鯨」に生命を与えた世紀の火花

世界に先がけ全溶接艦を建造した造船官が回想する苦心惨憺の記

当時 横須賀工廠造船部員・海軍技術大佐　矢田健二

とりちらかした自分の書斎は、なかなか整理のできないもので、たまたまその気になって片づけはじめると、かならず古い昔のアルバムを開いてしまう。それは、私が海軍時代に軍艦の建造にたずさわった中で、もっとも印象深い潜水母艦大鯨（たいげい）の起工式や建造中の写真、進水式の記念絵葉書などが、その中から出てきて目につくからである。

――昭和八年四月十二日、潜水母艦の大鯨は、横須賀海軍工廠造船部の船殻工場の船台で起工式が行なわれた。排水量一万トン、長さが二百メートルという、恐ろしく細長い艦だった。私は当時、船殻工場に勤務していた関係で、大鯨の担当部員を命ぜられた。学校を出てから四年目で、まだ経験も浅く、駆け出し同様の私は無我夢中で大鯨の建造にとりくんだ。

矢田健二技術大佐

当時、全溶接構造の軍艦は世界にも前例がなかった。もちろん日本海軍でも初めてのことであり、全溶接構造艦として大鯨の建造に着手したのだから、そのときの私の感激は生涯わすれることのできない、苦しくもまた楽しい思い出の一つである。

そのころ日本海軍の軍艦で溶接が適用されていたのは、横隔壁や上部構造のような、船体の縦強度計算には関係のないところだけにかぎられていた。それが一挙に縦強度にまで押しひろげられたのである。したがって大鯨の外板や甲板には、一本のリベット（鋲）も使用されていない。また完成期日が急がれていたので、シャフトブラケット、スターンチューブ、スターンフレームなども、全部鋼板と打物とを溶接で組み合わせて作られた。

そのため組立方式も、キールを据えてこれに助骨を立ちあげるという従来のリベット構造の場合とまったく異なった。溶接ブロック方式が考案され、実行されたのである。この方式は当時、建造にとりくんだ全員が初めて経験するものだったから、幾度か失敗もし、血のにじむような苦労と努力をかさねた。その結果、今日では常識になっているブロック建造方式を、はじめて大鯨建造でこころみたのである。

こんな具合で、大鯨の溶接工事量はたいへんな量にのぼったのである。この厖大な工事量にそなえ溶接工が急速に養成された。ちょうどその頃、アメリカで最新の溶接技術を身につけて帰国された辻技師を先生に迎えて、一ヵ月間の溶接講習会を開いた。溶接棒でアークをとばす運棒法の基本が、海軍で確立されたのもこの時からである。

この講習をくりかえしながら、溶接工は急激に増員された。最初七十人ぐらいだった溶接工が、総勢二百人以上にもなった。しかし、その大部分が三級溶接工であったのは言うまでもない。

私も溶接工とおなじように、ヘルメットをかぶって何回目かの講習にくわわった。一ヵ月の訓練をおえて、テストピースを作り、テストの結果、下向き、竪向き（たてむ）の両方に合格したときは、喜びを禁じえなかった。先生の辻技師を真ん中に、講習生とともに写した記念写真を見るたびに、当時の模様がまざまざと目にうかび、懐かしさがこみあげてくる。

大鯨にもなみだの荒療治

こうして私は溶接工員と一緒になって、工事現場に出て作業を見てまわった。「溶接は不安だ、いやぜったい安全だ」といって、溶接賛否論のやかましかったころ、二百人もの溶接部隊が急速に生まれて、広範囲にわたって溶接を行なうことがどんなに難しいことか、一つ一つに対しての研究はできても、チームワークとして、この経験を積みかさねていくことがどんなに重要であったか、私は身をもって体験した。

大鯨の溶接ブロックの大きさは、一つが一〇トンから一五トンくらいで、一ばん大きいものでも二〇トンから二五トンくらいであった。それらのブロックの組立溶接が船台の横ですすめられ、やがて船底外板が船台上にならべられ、その上に二重ブロックが搭載される。さらに外板ブロック、縦横の隔壁ブロックが立ちならび、そして下甲板ブロックが搭載される。

それらのブロックが相互の現場接手によって溶接されはじめると、外板のビルジキールの取付部分の曲面が上方にひきあげられ、また、キール下面が前後端で盤木から浮きあがってくる。それに気づいた私たちは、あわてて船台面からストリップでこれを引っぱってみたが、なかなか下がってくれない。リベット構造では、キールや外板が自重で下がらないように、船台から逆に支柱や盤木をつかってふせぐのが常識だったから、私たちの狼狽ぶりはいま考えても滑稽なほどであった。

こうして下甲板、上甲板への工事がすすむにしたがって、ブロックの溶接法や積込み順序方法、またブロックとブロックの現場接手の仮止め方法、本溶接の要領など経験がつまれていったが、船体への溶接がだんだん上部へとすすむにしたがって、キール前後端の上昇歪み(ひず)は軽減されるどころか、ますます大きくなっていった。そして、船殻工事が完成したときは、とうとう艦首端でキールの上昇歪みが約一五〇ミリ、艦尾のカットアップで一〇〇ミリぐらいになってしまった。

そのころ、ドイツ海軍のおなじ造船技術士官が、横須賀工廠を見学にきたことがあった。私は担当部員だったので大鯨の案内を命ぜられ、彼といっしょに現場をまわったが、彼は大鯨の外板にリベット接手が一つもないのに驚いたことをおぼえている。

当時、外国ではドイツ海軍が一ばん広範囲に溶接を使用していたが、彼の話によると、外板にはまだかなりの範囲にリベット接手が残っていたようであった。大鯨の場合にも、リベット接手をもうけようという議論はあったが、けっきょく一挙にこれをなくすという結論になったのだ。

溶接による歪みや内応力の問題は、衆知をあつめて研究されていたはずなのに、船体という大きな溶接構造物に対してはだれもが初めての経験だったので、こんな結果になったのも止むをえなかったと言えば、言えるかもしれない。

しかし、この歪みをそのままにしてはおけないので、いろいろと知恵がしぼられた。そして艦尾の甲板上に潜水艦用の鉛バラストを搭載し、甲板の横接手の溶接部と、その周辺をエアハンマーで軽くたたきのばす、いわゆるピーシング作業を行なって、艦尾を引きさげようということになった。ところが、その結果はなんの効果もなく、失敗におわった。それで最後の手段として、切開手術という荒療治がほどこされることになった。

船殻の工事が船台上で完成すると、造機部でプロペラ軸の中心をきめるために、機械台側に光源をおいて、機械台の中心とシャフトブラケットの中心を、造機、造船両部の担当部員

大鯨。全長215.65m、公試排水量1万4400トン。12.7cm連装高角砲2基、前檣右舷に射出機、水偵3機とクレーン

が立ち会って睨むのだが、これは船体の各部が均一の温度になる時点をとらえるため、真夜中に行なわれる。私はいまだに、軸心見とおしのこの真夜中の光景が、まざまざと目に浮かんでくる。

ぶきみな大鯨の夜泣き

大鯨とはいっても、白魚のように細くて長いこの船は、夜のとばりが降りるとキーンという甲高い響きを発する。それは日中太陽の熱であつくなった上甲板が、だんだん冷えてくると収縮して船体の前後端が上方に引っぱられる。その複雑な船体構造のどこかで、鋼板が軋むその時に出る音である。

軸心見とおしの光源を睨んで、光がとおった時点で、基準線を打ち込もうとすると、いつのまにか光が見えなくなってしまう。スリットを動かして、また光をとおす。こうして、何時間かたつと、またキーンと奇妙な音がひびく。丑三つ時の静寂をつんざくこの響きは、なんともいえぬ無気味さだった。

夜が白んできても、とうとう基準線を打ち込むことができなかった。ついに大鯨の船体に切開手術をほどこすことになった。キール後端のカットアップのところから真っすぐ上方へキール、外板、ロンジ、甲板まで一切の縦通材を切断して、支柱や盤木をかるくゆるめながら、艦尾を自重によって下降させ、ようやく歪みを矯正することができた。この切断部は、両面から補強板をあてて鋲鋲接手によって連結されたが、真新しい外板の肌にガスバーナーの炎をふきつけ、船体が切りさかれていく光景は、まことに無残で、いたましい限りであった。

　こうして大鯨は昭和八年十一月十六日、予定通り進水したが、知る人ぞ知る受難のうちに、呱々の声をあげたのである。そして進水直後に大鯨は入渠の上ふたたび切開手術が行なわれ、艦首部にもリベットゾーンがもうけられた。このようなリベットゾーンは、その後、溶接によって建造された軍艦や商船にも利用されて、溶接による内応力の除去に役立った。

　奇しき運命をはらんで生まれた潜水母艦大鯨は、のち航空母艦に改造され、艦名を龍鳳と改めた。その改造中に敵機の爆撃をうけて損傷、また完成直後には八丈島沖で、敵潜水艦の魚雷攻撃をうけて損傷したりしたが、大戦中は艦命をまっとうし、終戦後に解体されて姿を消した。

　大鯨の過ぎ去った一生を思いおこすとき、いつも私は、その残した数々の失敗と経験を忘れることはできない。しかしそこから生まれた船体の溶接技術こそは、今日世界一をほこるわが国造船技術の礎えとなっていることを信じながら、私はいつも大鯨の冥福を祈っている。

浮かべる工廠工作艦「朝日」の最後

軍港復旧工事をおえての帰途、広瀬中佐ゆかりの艦を襲った魚雷二発

当時「朝日」機関長・海軍大佐　樺山滋人

第二次ソロモン海戦で散華した航空母艦龍驤の機関長として死ぬべき運命にあった私が、奇跡的に生きながらえて横須賀に生還したとき、当時の連合艦隊司令部付機関長であった中村伍郎氏が「樺山君、君は運のつよい男だな。なんべん艦を乗り沈めたらいいんだい」と私の悪運にあきれ顔でいったものであった。思えば、そのなんべんかの最初が工作艦朝日のときであった。そもそも朝日は日露戦争当時の軍神広瀬武夫中佐が運用長として勤務し、旅順港の閉塞にあたった当時の軍艦であった。その後、工作艦に改装され、私が機関長に補せられたのは太平洋戦争が始まる前の月、すなわち昭和十六年十一月であった。

乗艦するとまもなくベトナム、当時の仏領インドシナに出動した。そして日露戦争当時、ウラジオめざして回航してきたバルチック艦隊の最後の寄港地であるカムラン湾に錨をおろしたのであった。カムラン湾での任務は港務部担当で、輸送船の補給基地としての性能を確保することにあった。まもなく十二月八日の例の「ニイタカヤマノボレ」の暗号で真珠湾へ

の奇襲攻撃がおこなわれ、太平洋戦争の幕は切って落とされたのであった。

工作艦朝日は、翌日からぞくぞくと入港する数十隻の陸軍輸送船の応援にいとまないなかで、燃料や水の補給を終わって、まもなく出航した。このとき一緒に送りだされた山下兵団の各部隊は、その後のマレー半島の攻略作戦に輝かしい成果をあげ、明くる昭和十七年二月十一日の紀元節を目標に、シンガポールの陥落をめざしたのであった。そして、ようやくジョホール水道をこえた日本軍三万五千人は、紀元節を数日すぎたころ、パーシバルをわが軍門に降伏させ、十万人におよぶ英軍を捕虜にして、マレー半島と南方水域を制圧したのであった。

まもなく山下兵団はその主力を南方諸地域に転戦したのであるが、その間、工作艦の朝日はカムラン湾の任務をおわるや、休む間もなく南シナ海を南下した。当時、英主力艦プリンス・オブ・ウェールズ、レパルスなどが撃沈され、完全にわが海軍の制海権下にあった。そして、占領直後のシンガポール周辺海面の機雷原を突破してセレター軍港にはいり、ここでわが軍の攻撃により破壊された施設や道路の補修に着手したのであった。

主としてセレター軍港諸施設や、乾ドックの復旧補修工事が任務であったが、三ヵ月にわたる工事をおえて、英軍より捕獲した鋼材その他の物資を満載してセレター軍港にわかれをつげ、佐世保にむかった。五月十五日のことと記憶している。

出港前、敵潜水艦が南シナ海に出没しているとの情報を耳にしていたので、駆潜艇一隻が護衛についてきてくれた。しかし、攻撃力も防禦力もない工作艦では、ひとたび敵襲をうけたら、どうにもならない状況になることが予測された。そこで危険な沿岸航路をさけ、南シナ海の中央を北上することにした。

それは五月の下旬であったが、気温は日中で三十度以上にもなった。その熱気をたっぷり吸いこんだ艦は、夜に入っても室内の温度はさがらず、真夜中まで甲板でひとしきり涼しい風をいれなければ寝つかれない毎日であった。

突如ひびいた大音響

それは忘れもしない昭和十七年五月二十五日夜のことである。この日は無風の好天気で、艦内の熱気をさけて非直の乗組員のほとんどが上甲板にでて、涼んでいた。折りからの月光を満身にあびて話し込んでいる、まさに午前零時ちかい時刻であった。

そのとき一瞬、轟音が耳をつんざき、私はキャンバスの折畳椅子もろとも空中にとばされたのであった。敵襲を直感したみなは、雷撃の動揺がまだやまない甲板をかけおり、それぞれの持ち場にあわただしく向かった。

ハッチをおりるとき、一発目の魚雷があげた水しぶきを満身にあびたとたん、二発目の魚雷が命中した。その瞬間、艦内の電気は消えて真っ暗になった。私は手さぐりで懐中電灯を部屋からもちだし右舷機械室の指揮所におりていったが、ボイラールームからは何の応答もなく、左舷機械室には海水の流れこむ音がすさまじく、艦はまもなく左舷に急傾斜した。しかし、こうなっては浸水遮防も、もはや手のほどこしようがないと私には判断された。

私がボイラールームの入口までようやく辿りついたときには、すでに室内は満水となっており、これらの状況を確認するとただちにブリッジに駆けあがった。しかし、このときはもう汽罐室も浸水していたため、機関の機能も停止していた。これでは浸水遮防、排水、傾斜復原など、いずれの処置をとってもどうすることもできない。私はこの状況をただちに艦長に報告した。

艦長は私の報告を聞きおわるや、「総員上にあがれ」と命令すると、兵員、工員いずれも艦の右舷に整列した。そして艦長の音頭で天皇陛下万歳を三唱したのち、"飛び込め"の号令でみんな海中に身を投じたのであった。艦橋に残ったのは艦長、航海長、工作部員、機関長、衛兵伍長、信号兵などであったが、工作部の先任部員である高橋武君（後に戦死）は軍刀まで持ってあがってきていた。

その姿をみた私が「貴様、よく軍刀が持ち出せたなあ」というと、「部屋が上甲板だからなあ、これは命から二番目のものだからよ」といった彼のことばを聞きながら天をあおいでいた私が、「オイよい月だなあ、これがこの世の見おさめだぜ」というと、「そうかもなあ」という。そんなところへ下から「下甲板、中甲板はみな浸水、海水は上甲板に上がってきています。艦はまもなく沈みます、艦長、おりて下さい」という運用長小野少佐の声があった。するど艦長は、「イヤ、俺はだいじょうぶだ」

「艦長、おりて下さい、艦長はこの艦で一番たいせつな人ではありませんか。すぐおりてください」と小野少佐の悲壮な声がきこえてきた。

上海停泊中の朝日（中央）。右に工作船早潮、左は工作船飛渡瀬と雑役船。日米開戦時には仏印カムラン湾へ、昭和17年３月にはシンガポールへ進出した

私はこの対話をきいて、これはこのさい艦長を助けるべきだと思ったので、信号兵に艦橋の救命ブイをもってこさせ、それを艦長の首にかけ、ブイの綱をしっかりにぎって、傾斜して沈みかけている艦のハッチを出ていった。

ハッチを通って外に出たとき、艦はもう横倒しになって赤い腹をのぞかせていた。その艦の腹にはフジツボの貝殻がびっしりとくっつき、そこにあるビルジキールをまたがなければ海中におりることはできなかった。まず、私が勇気を出してこれをまたぎ、そして艦長を引きずるようにして船底をすべって海に入った。

海中に入って一度もぐってから頭をだして見ると、艦長も浮かんでい

たので、沈没のさいの渦をさけるため、救命ブイの綱を体にまきつけて、艦長を誘導しながらけんめいに横泳ぎで約二十メートルくらい泳いだ。そして後ろをふりかえると、艦は艦首をあげ、艦尾の方から左まわりにまわりながらゆっくりと海中に没していった。

夢中になって泳いだ数時間

艦が沈んでしまうと、艦に積んであった木材などが浮いていたので、それにみんなを摑まらせて泳ぐことによって、疲れないように指導した。私は昔の中学校高学年時代、日本体育会の水泳の先生の助手をしていたので、水府流、神伝流、小堀流など日本古来の水泳術（これは武術でもあった）をおそわっていた。鱶（ふか）のいる海面では、鱶は自分が喰いつきたいものがあるとき、そのものと鱶の体長をくらべて、自分より長いものには喰いつかない習性があるとおそわっていたので、このときは腹にまいていた六尺の白木綿の腹まきを、立ち泳ぎをしながら足に巻いてのばした。

駆潜艇は護衛のために約一千メートル前方を先導していたが、朝日の雷撃による振動で探信儀がつかえなくなり、敵潜水艦の所在がわからないので、やたらと爆雷を落としていた。その振動が海中で泳いでいるわれわれの骨身にこたえたので、近距離に落としてくれないよう泳ぎながら祈った。

数時間、こんな状態で浮いていると、ようやく駆潜艇（約二〇〇トン）が助けにきてくれた。甲板から命綱をおろしてくれ、ようやくそれに齧（かじ）りついたところで襟首をつかまえられ、甲板に引きずりあげられたのであった。

「ヨシ、お前は助かった」と背中をたたかれ、砲塔のそばにうずくまると、背中から足にかけてベットリと血がにじみ、皮をはがれた因幡（いなば）のうさぎみたいに、痛みが走るのをはじめて気がついた。たぶん横倒しになった朝日の船底をすべりおりるとき、フジツボで引っかいたのであろう。

約五〇〇人の乗員の過半数が駆潜艇に助けられたので、二〇〇トンの船は吃水がしずみ、甲板は海面スレスレであったが、さいわいに無風でしずかな海面であったため、約十時間で日の高くあがった思い出のカムラン湾についた。生まれたままの姿に、破れちぎれた防暑服一枚をまとい、日本軍がおさえていたフランス軍の兵舎のベッドに横たわったとき、人間の一生にはこんなことも起こりうるんだ、とつくづく戦争という名の人類相剋のすがたに直面し、「負けてなるものか」という敵愾心をいっそう高ぶらせたものであった。

海底に消えた軍神の遺品

兵舎でのんびりと一ヵ月間を傷の療養と休養にすごした。仏印サイゴンの海軍経理部の世話で、防暑服にヘルメットのひとそろい、手さげカバンと、手まわり品がととのったときに、呉鎮守府付への転勤命令があり、サイゴンから空路、帰国した。福岡から汽車で呉にむかう車窓から、内地の家並みと緑の田園をながめたとき、ようやく生きて帰ってきたという実感と、故郷の山河への懐かしさが胸のなかにこみあげてきた。車内の相客は防暑服、半ズボンにヘルメット姿の私を、奇異な目で見ていた。これは戦況が熟し切っていない昭和十七年の初夏の頃であったから当然のことで、内地はまだ緒戦の勝利の夢がさめやらぬときであった。

呉軍港に着くとまず、鎮守府参謀でクラスメートである渡辺君をたずね、そこで軍服、軍帽、それに短剣をわたされたのであった。そして軍港の水交社に泊まり、軍装、軍刀もととのえ、再出動の気構えも充分に待機していると、航空母艦龍驤の機関長に命ずるという辞令を受けとった。そして昭和十七年七月、南雲忠一中将麾下の第三艦隊の空母乗組の一員として、出動の時機いまやおそしと待ちかまえていたのであった。

それにしても、軍艦朝日の運用長であった広瀬武夫中佐の私室は、工作艦に改装後も軍神存命中の記念室として、遺品その他が保存されていた。また、乗員はみなその由緒ある艦に乗り組んでいることに、誇りを感じていたものであった。

しかし、第一発目の魚雷が命中したのは、その軍神室の真下で、その貴重な品々をなにひとつ運びだすことができず、海中に葬りさったことは、かえすがえすも残念なことであった。

七ツ道具を完備した日本の機雷&哨戒艦艇

戦局好転のカギとして急造された掃海、敷設、哨戒、護衛、対潜艦艇たち

戦史研究家　横田　晋

戦闘主力艦艇以外のものが小艦艇と呼ばれることは、常識で誰でも知っている。日本海軍では外戦部隊と内戦部隊とに、その兵力を大別しているが、この内戦部隊が小艦艇でなりたち、戦時中の保有数は二千隻にのぼったのである。

ところで、小艦艇はふつう機雷（掃海、敷設）艦艇と哨戒（護衛、対潜）艦艇を指すわけだが、日本海軍は開戦当時、その保有艦隊のなかに商船護衛を主目的としてつくったものは一隻も持っていなかった。海防艦という艦種がたしか四隻ぐらいあったはずだが、これは護衛艦ではなかったのか――という質問をする人があれば、その人は海軍通といえるだろう。なぜなら、海防艦という名前をさがして見ると日本海軍独自のもので、他の国にはなく、いかにも日露戦争のにおいのする大時代的で、なにを任務とするかハッキリしない。それもそのはずで、もともとこれらの四隻は北洋漁業保護という目的をもっていたのである。対潜兵器としては一二センチ砲三門で、相手が浮上してくれなければどうにもならない。

開戦時、日本は駆潜艇という艦種は二十三隻もっていた。排水量五〇〇トン以下で八センチ高角砲一門、爆雷三十六個を積んでいたが、まず沿岸に出没する潜水艦のお相手が精一杯というところだった。水雷艇は十二隻のうち八隻だけが護衛に使えたが、これも元来、駆逐艦の代用品としてつくられたものだ。砲艦といっても日本のものは、揚子江用の河用砲艦という種類で、海上護衛に使えるシロモノではない。魚雷艇や哨戒艇といったところで、せいぜい沿岸用にしか役に立たないわけである。輸送艦はむろん開戦時にはないし、この艦種は戦車揚陸艦に相当するもので、対潜用ではない。

開戦後、日本海軍はガダルカナル撤退までは各種小艦艇を建造し、昭和十八年の夏以後は海防艦、魚雷艇および輸送艦の増強に、対空対潜の強化に全力をあげた。しかし数量の上では対米七割を確保したが、その努力は報いられず、約半数を失ったにもかかわらず、米海軍の攻勢に対し、ほとんどこれという効果をおさめることはできなかった。

▽海防艦

海防艦というパッとしない艦種の最初の四隻は、昭和十七年の秋までは水中探信儀さえ持たなかった。爆雷もはじめはわずかに十八個しか持っていなかったのである。米潜水艦恐るるにたらず、というとんでもない考えがつねに日本海軍を支配していた結果である。爆雷はさらに三十六個、六十個とふえていったが、この程度ではどうにもなるものではない。

開戦と同時に起工された海防艦（護衛艦という名称に近い）は、まず対空兵装を強化する必要にせまられ、御蔵（みくら）型では一二センチ平射砲のかわりに、一二センチ連装および単装高角砲各一基（計三門）を装備することになった。

　昭和十八年になると、米潜水艦の活躍によって商船の損害は急増し、戦局を好転させるカギは、対潜護衛艦艇の量産による対抗手段に求める以外にはなくなった。海防艦三六〇隻の急速建造案が出された。やっと六月になって実現したのが、三十四隻建造案である鵜来型がこれで、爆雷兵装を近代化して新式投射機十六基および電動揚爆雷装置を装備し、レーダー、水中測的兵器など一切の新兵器を完備した。対空兵装二五ミリ機銃も四梃から六梃に強化された。

　以上の海防艦甲型五十五隻は排水量九〇〇トン内外で、英米その他のフリゲート艦に相当する艦種である。英国はこの艦種を約二五〇隻、米国は約一〇〇隻を建造したが、その主砲はいずれも七・七センチ砲であった。

▽丙型丁型海防艦／砲艦

　日本は、さらに速力と排水量を小さくした番号型海防艦一一六隻を急速に建造した。高角砲は二門となったが、爆雷は一二〇個、投射機十二基という対潜重兵装艦であった。

　これは英米側のコルベット艦に相当するもので、英国はこの艇種を二五七隻、米国は四十一隻を建造した。主砲は一一センチ一門のものが多い。英米の砲艦という艦種は一一センチ砲六門を積んでいたが、日本の海防艦は、この砲艦とコルベットの中間だったといえるだろう。日本側の砲艦という名前は、この英米側の砲艦とはまったく別物の河用砲艦である。

　日本に海上護衛総司令部ができたのは、昭和十八年十一月になってからのことだった。当時、船団を護衛できる兵力といえば、この海防艦が十八隻、旧式駆逐艦十五隻、水雷艇七隻、特設砲艦四隻の計四十四隻であった。護衛せねばならぬ日本船舶は、しめて約二七〇〇隻という数字である。人々は新鋭の海防艦がちっともその任務を果たさなかったことを非難するかも知れぬ。しかし、それを望む方が無理なことがわかろう。

しかたなく洋上に行動させねばならぬ小艦艇のうち、めぼしいものが掃海艇十二隻、哨戒艇四隻、駆潜艇十三隻、掃海特務艇二十二隻の計五十一隻のうち、わりに大型のものというわけであった。

佐世保軍港に集結した海防艦。左より丁型の第22号と第12号、択捉型の隠岐、丁型の第40号と第104号、丙型の第217号

▽駆潜艇／哨戒艇

駆潜艇といえば従来三〇〇トン足らずで、兵装も四〇ミリ機銃二梃、爆雷三十六個というのが相場であった。昭和十四年の計画で建造された第十三号型（十五隻）にいたって、敵潜水艦内殻を貫通できるように八センチ高角砲を装備することになった。しかし機銃は一三ミリ二梃に減らされた。この型が全部で四十九隻建造された（総計では六十四隻）。

駆潜艇は米海軍がもっとも強力で約八〇〇隻を建造した。フランスも約一三〇隻を持っていたが、英国にはこの艦種はなかった。米国の鉄製駆潜艇（ＰＣ）は排水量三〇〇トン内外で、兵装は七・七センチ砲二門のほか二〇ミリ機銃を積んでいた。木製（ＳＣ）の方は一〇〇トン内外で、七・七センチ砲一門と二〇ミリ機銃を積んでいた。日本の駆潜特務艇（二〇〇隻）は排水量は一三〇トンであったが、一三ミリ機銃一梃と爆雷十八個だったから、米国の方がはるかに強力であった。

哨戒艇という艇種は、日本では数もすくなく重視されなかったが、英米では大いに力を入れ、英国は約千隻、米国では五〇〇隻以上を建造した。

▽魚雷艇

第二次大戦においては、魚雷艇の活躍こそめざましいものがあった。日本は立ちおくれて不覚をとったのは、かえすがえすも惜しいことであった。日本の魚雷艇は総計三六七隻で、魚雷二本を主兵器とし機銃一〜二梃、爆雷数個をそなえ、排水量は一五〜九〇トンの数種に及んだ。

魚雷艇は米国ではＰＴ、英国ではＭＴＢ、イタリアではＭＡＳ、ドイツではＳボート（英国ではＥボート）とよばれ、小艦艇の花形であった。米国は約八〇〇隻、英国は約四〇〇隻、日本は三六七隻、ドイツは一五〇隻、イタリアは八十隻を保有していたが、その代表型の主要兵装は米英＝魚雷四に二〇ミリ機銃、伊＝魚雷二と機銃、仏は魚雷二本であった。

ドイツの魚雷艇について特記すれば、つぎの通りだ。

第一次大戦中においてさえも、ドイツ魚雷艇（英国ではＥボートともボートとも呼んだ）は、その低い艦影により水雷艇の代用として、なかなかの成功をおさめた。戦後も、各国海軍は在役艇としてその価値をみとめ、建造補充をつづけた。

ドイツ海軍もまた一九三〇年のはじめに、この型を数隻建造することにした。その魚雷艇は排水量八〇トン、四千馬力を出す高速ディーゼルエンジンにより三十五ノットの高速を出した。兵装は二〇ミリ高角砲一門と、発射管二基（魚雷四本）を持っていた。

戦争が進むにつれ、その排水量は一〇〇トンから一五〇トンまで増大された。馬力は約七五〇〇馬力で、速力は四十二ノットに達する躍進をしめした。兵装もたびたび変更されて、要求に適応されて行った。

一方、すばらしい評判がＶＳ１からＶＳ６までの魚雷艇によって捲き起こされた。というのは、この魚雷艇は船体下に水中翼を装着し、高速で突っ走るときには、ほとんどこの翼だけですべって行くからだった。そこで、彼らは別名を水中翼艇ともよんだ。最初の六隻は排水量わずかに六・五トンにすぎなかった。そして三八〇馬力のエンジンをもって、実に四十ノットの高速を出した。さらに四〇トンで六千馬力の二隻の魚雷艇VS10およびVS14の建造命令が出されたが、その速力は実に六十ノットに達する予定だった。この速力はかつて実現されたことのない数字だった。

▽水雷艇

水雷艇を小艦艇の部に入れることは、かならずしも適当でない。なぜなら、日本の水雷艇は駆逐艦のかわりに建造されたものであり、対潜または護衛用としてつくられたものではないからである。また、ドイツの水雷艇にいたっては、全く駆逐艦であるにかかわらず、第一次大戦当時の名前をそのまま用いているからである。

日本の水雷艇は十二隻建造されたが、その最初の兵装要求は一二・七センチ連装単装砲各一基、五三センチ発射管連装二基だった。こうして建造された千鳥型の友鶴転覆事件によって兵装は一二センチ単装砲三基、五三センチ発射管連装一基に改造されたのである。さらに鴻(おおとり)型八隻は一二センチ単装砲三基、五三センチ発射管三連装一基と改造された。

また、ドイツの水雷艇は四種の型があり、全部で五十一隻であるが、その主要兵装は一〇・四センチ砲三～四門、三七ミリ高角砲二門、発射管六門となっている。

▽哨戒艦艇の対潜兵装と捕獲網艇

以上がいわゆる哨戒艦艇の主なものであるが、その対潜兵装について見てみると、日本海軍は潜水艦の進歩発達にはこれまでも並々ならぬ努力を重ねてきたが、これと対抗する手段は艦艇といい兵装といい、ほとんど熱意を示さなかったといえる。これが生命とりになったのである。

潜水艦攻撃兵器としては爆雷が使用されたが、敵機の機銃弾により誘爆する危険があり、その被害も二、三にとどまらなかった。二式爆雷の採用によって、爆発はしなくなったので大きな利点となった。爆雷数も海防艦では最初の十八個から最後は一二〇個まで増備されるようになった。

なお対潜兵器としては捕獲網という原始的なものがあり、捕獲網艇という物々しい艦艇を日本海軍は四十四隻も持っていたが、使用されたことはなかった。防潜網というものもあり、これまた七隻の防潜網艇があった。しかし、防潜網は敷設艦によって基地や港湾の防備に使われる場合が多かった。

対潜兵器は相手を探知し捕捉する水中測的兵器が頼みの綱である。不確実にただ爆雷を投げこんだところで、何にもならぬ。日本海軍は昭和十九年になって、はじめて性能のいい三式探信儀を完成したが、乗員の訓練に必要な期間がないうちに終戦になってしまった。日本の哨戒艦艇が隻数のわりに戦果を挙げえなかったのは、万事が手おくれとなってしまった上に、相手が予想以上にすぐれていたためである。

▽**掃海艇**

機雷艦艇のうち代表的なものは、掃海艇と敷設艦である。日本の掃海艇は、一般に他の国のものより速力も兵装も強大だった。駆逐艦と対抗しようとして、最初は一二センチ砲二門を積んだのであるが、後では新式一二センチ砲三門となった。

掃海艇は、各国とも機雷艦艇として重視しており、日本は三種類約二〇〇隻を持ち、英国は六七〇隻、ドイツおよびフランスは二五〇隻と一四〇隻、米国にいたっては七〇〇隻以上を持っていた。

旧式駆逐艦を改造した米国掃海艇は一〇センチ砲四門を持っていたが、一般の掃海艇はせいぜい一〇センチか七・七センチ砲一門というところである。英国はトローラーを多数掃海用に使用したが、これは日本の掃海特務艇に相当するものだ。八センチ砲一門、機銃一梃、爆雷十五個。

▽輸送艦

輸送艦という艦種は、元来は補助艦艇であるが、日本のものは、よくいえば多用性という点で攻撃用にも使用しようとした。つまり、一等輸送艦の方は一二・七センチ連装高角砲一基と二五ミリ機銃十五梃を積もうというのである。レーダーや水中測的兵器もなかなか強化され、対潜艦艇としても活用できた。二等輸送艦でも八センチ高角砲一基と二五ミリ三連装二基を積んだのである。

日本はこの大型上陸用艇（ＬＳＴ）に相当する一等輸送艦を二十一隻、中型の二等輸送艦は四十九隻が完成した。米国は大型だけで四千隻以上も戦時建造をやったうえ、さらに高速輸送艦を百隻もつくった。英国その他にはこんな艦種はない。

輸送艦はソロモン作戦のにがい経験からみて、大いに期待された艦種で、海防艦とともに日本小艦艇の中心となって戦争後期に大いに働いた。

日本海軍補助艦艇ものしり雑学メモ

敷設特務艇、哨戒特務艇、掃海艇一覧資料収載

戦史研究家　落合康夫
艦艇研究家　正岡勝直

▽大戦前半の活躍で終わった水上機母艦

開戦時、水上機母艦は能登呂、神威(かもい)、千歳、千代田、瑞穂(みずほ)の五隻が艦籍にあったが、能登呂、神威は大正九年の竣工で速力がおそく、水上機母艦として使用されず、千代田は甲標的母艦として特殊任務についていた。

水上機母艦として実際に使用されたのは、第十一航空戦隊の千歳、瑞穂の二隻のみであった。だが瑞穂は昭和十七年五月に撃沈されてしまった。この不足を補うために特設水上機母艦（特設水母）が使用された。すなわち神川丸、山陽丸、讃岐丸、相良丸、聖川丸、君川丸、国川丸の七隻であった。かつては香久丸と衣笠丸も在籍したが、支那事変中に特設運送艦に編入されていた。しかし、これらの特設水母も昭和十八年の後半には、いずれも運送艦となり、水上機母艦としての働きは、開戦時の各地攻略戦とショートランドでの活躍だけであった。

それでも太平洋戦争が終わり、戦後になって日本海軍の用兵をいろいろ研究した連合国が高く評価したものの一つに、日本が水上機を有効に活用したことを挙げている。とくに商船を徴用して簡単な改造で水上機母艦に仕立て、これをいろいろなところで役立てていることは、他の国の海軍には例のないことだった。

例といえば、第一次大戦中にイギリスが艦隊の偵察兵力として海峡連絡船や商船を改造して使ったことはあったが、実績はあまり思わしくなく、陸上機をつんだ空母が現われると、まもなくこの種のものは姿を消してしまった。そしてその後は本格的に改装したものは別として、手軽に商船を母艦に使うことは行なわれなくなった。

これに対して日本は、こういった商船にごく小規模な改造を行なっただけで、けっこう有効に活用し、空母部隊の手がまわらなかったり、陸上基地の手のとどかない海域では非常によく働いている。これは日本の水上機が優秀で実用性が高かったことも大きく貢献しているが、なによりも設備が不完全で、しかも防禦や武装など無いにひとしい弱体な船で、いろいろな困難に耐えて作戦にたずさわった人たちの、苦労のたまものという他はない。

▽船団護衛が主任務だった急設網艦

急設網艦とは防潜網を敷設することを主任務とする艦で、防潜網を搭載しないときは、機雷敷設艦としても使用できるようになっていた。最初の艦は昭和四年に完成した白鷹（一三四五トン）で、急設網六浬分を搭載した。また、これを搭載しないときは機雷一〇〇個を搭載した。

その後約十年たって、白鷹を新式化した初鷹、蒼鷹の二隻（一六〇〇トン）が建造され、昭和十四年に完成した。初鷹級は防潜網二十四組を装備していたが、これを搭載しないときは機雷一〇〇個をつんだ。昭和十六年に就役した若鷹は、対空兵装を強化された点をのぞけば、初鷹級とおなじものであった。これらの急設網艦は、戦争中は本来の任務の機雷敷設や

航空機輸送中に敵機の攻撃をうける神川丸級（神川丸、君川丸、聖川丸、国川丸の４隻が同型艦）水上機母艦。艦上の搭載機は黒っぽいのが零式水上観測機、白いのが二式水上戦闘機。艦首と艦尾に15cm 砲

設網よりも、むしろ船団護衛や輸送などに多く使用されたようで、終戦時には若鷹のみが残っていた。

▽完成後まもなく解体された敷設艦

敷設艦は昭和十六年に津軽を建造いらい、開戦後は小型の敷設艇をのぞけば、ながらく建造されなかった。日露戦争当時、マカロフ提督の旗艦ペトロパウロウスクを屠ったのは仮装敷設艦蛟龍丸の功績であったが、その後の戦術の大幅な変化や、特設敷設艦で十分その機能を果たせると見られたからである。

しかし昭和十九年の末には戦況は急迫し、来るべき本土決戦にそなえて、ふたたび敷設艦が要望されたが、すでに敷設艦の大半は失われており、あらたに設計建造する余裕はなかった。かくて㊫計画にもとづいて昭和十九年十一月、大阪の浪速船渠で着工したばかりの戦標船2D型タービン艦二隻が敷設艦に起用されることとなり、海軍に編入された。

船艙を機雷庫とし、船尾に敷設口をひらいて船艙内に水密防壁を設け、また鋼甲板をつけて居住区をつくったこと以外は、構造上は戦標船と大差なかった。機雷三八〇個のほか、一二センチ高角砲一門、二五ミリ機銃、水中聴音機などを装備したが、戦況によっては運送艦としても使えるよう敷設艦には不必要なデリックなどもわざわざ残し、工事はできるだけ簡単にして建造がいそがれた。

第一艦は箕面(みのお)と命名されたが、資材不足のため完成したのは八月五日、終戦の十日前で、もとうとう一度も敷設艦として使われず、戦後、特別輸送艦として復員輸送に用いられた。

ともと商船であるから、艤装はかんたんな工事で商船に復旧可能であり、戦後の船舶不足の折り、未完の戦標船もつぎつぎと工事が続行されていたが、軍艦籍にあったためにＧＨＱの認めるところとならず、不幸にも解体されてしまった。

なお、第二艦は昭和二十年春に鋼材入手がおくれて工事が中止されていたが、戦後に工事が再開され昭和二十三年六月に完成して、乾進丸となった。しかし同年十月四日、樺太西岸で座礁し、曳航中に沈没した。いずれも、まことに不運な船であった。

▽木造漁船型の特務艇出撃す

特務艇と呼ばれているものには、敷設特務艇、掃海特務艇、哨戒特務艇、海防艇、電纜敷設艇、魚雷艇などがある。

昭和十六年に鋼製漁船式船体構造方式の小型艇四隻が建造された。これが敷設特務艇第一号型（二九七トン）で、機雷四十個を搭載していた。これと同時に、船体構造方式の小型掃海艇二十二隻が建造された。これが第一号型（二一五トン）とよばれ、掃海具のほかに爆雷十六個を搭載し、局地での対潜哨戒にも用いられるようになった。両艇ともディーゼル艇で、速力は九・五ノットであった。

また海軍は、戦時に駆潜艇の補助として港湾防禦用の小型艇の必要性を認め、昭和十四年に二隻の試作艇を建造し、その実験の結果、昭和十六年から二十年までに二〇〇隻を建造した。これらは木造の漁船式船体で、速力十一ノットの第一号型とよばれ、対潜兵装として爆雷十八個を搭載した。

さらに海軍は、漁船を改造して特設監視艇として洋上の哨戒任務を行なっていたが、これの補充用として、木造漁船型船体の哨戒特務艇第一号型（二五〇トン）二十八隻が建造された。速力は九ノットにすぎなかったが、電探や音響兵器などを装備し、航続力は大であった。

本土決戦のさい洋上で回天をもちい、敵艦艇を迎撃しようとして建造されたのが、海防艇である。第一号型（甲型）は鋼製、第一〇一号型（乙型）は木造で、ともに二八〇トンである。これらは回天二基を搭載する予定であったが、終戦までに完成したものはなかった。また、管制式水中聴音機雷の敷設を主任務として建造されたのが初島型（一五〇〇トン）電纜敷設艇四隻で、敷設用の電線二万メートルを搭載していた。

▽二等輸送艦 硫黄島に玉砕す

二等輸送艦は日本版のＬＳＴで、昭和十八年に計画されＳＢ艇とも称された。機甲部隊を搭載し、海岸の砂浜へ直進擱座すると、船首の扉をひらいて戦車部隊を揚陸させた後、バラストタンクに注排水し、艦尾の錨を引き込んで離岸する設計であった。排水量約一千トン、簡易箱型船型で構造艤装もできるだけ簡単にされ、建造に当たっては大幅なブロック式建造法が採用され、なかには起工から完成までわずか二ヵ月の艦もあり、急造の結果、終戦までに六十九隻が就役した。

昭和十九年六月、米海軍は硫黄島に対し、さかんに砲爆撃をくわえはじめた。硫黄島には三つの飛行場と有力な防空組織があり、これを落として対日爆撃の前進基地にしようとしたのであろう。日本側でもこれを失えばその脅威は大きい。二等輸送艦はさっそく、この硫黄

敷　設　特　務　艇

艦　名	竣工年月日	建造所	沈没年月日	原因	場　所	記　事（行動海面）
戸　島	昭3.10.5（進水）	舞鶴工廠	昭20. 7. 30	飛行機	舞鶴	舞鶴防　若狭湾方面
黒　島	〃3.10.29（〃）	〃				鎮海防　鎮海
莘　崎	〃4.10.6（〃）	〃				大湊防　大湊、稚内方面
加　徳	〃5.4.4	〃				鎮海防　鎮海、釜山方面
円　島	〃6.3.1（進水）	〃				馬公防　馬公方面
黒　神	〃6.5.1	呉工廠				佐伯防　佐伯方面
片　島	〃6.5.19	舞鶴工廠				〃　〃
江之島	〃7.9.25（進水）	〃				馬公防　馬公方面
似　島	〃9.5.—（〃）	呉工廠				佐世保防　佐世保方面
黒　崎	〃10.12.24	内田造船				大湊防　大湊方面
鷲　崎	〃10.9.30	横浜鉄工所				舞鶴防　舞鶴方面
第1号	〃17.2.28	浦賀造船所				
第2号	〃17.4.10	〃	昭17. 12. 31	触雷	スラバヤ北水道	
第3号	〃17.6.30	〃				
第4号	〃17.8.20	〃	昭19. 11. 20	潜水艦	ニコバル南端	
第101号	〃17.10.20	第2工作部	〃19. 6. 16	飛行機	サイパン	英防潜網敷設艇バーライト

哨　戒　特　務　艇

艦名	竣工年月日	建造所		沈没年月日	原因	沈没位置	
1	昭20. 3.28	山西	横須賀工廠	昭20. 8. 9			
2	〃20. 5.20	〃	〃				
3	〃20. 8. 2	〃	〃				
25	〃20. 4.27	〃	〃	昭20. 9.18	荒天	吉見（下関）	
26	〃20. 8. 2	〃	〃				
31	〃20. 7.29	〃	〃				
37	〃20. 6. 2	〃	〃	昭20. 7.18	飛行機	横須賀	
54	〃20. 8. 5	〃	〃				
84	〃20. 6. 7	〃	〃				海上保安庁つるしま
90	〃20. 4.11	〃	〃	昭20. 8.—	機雷	酒田	
134	〃20. 2.26	四国	呉工廠				〃　おとしま
135	〃20. 5.23	〃	〃				
136	〃20. 6. 5	〃	〃				〃　ひめしま
137	〃20. 7.15	〃	〃	昭21. 4.18	荒天	吉見	
138	〃20. 8.11	〃	〃				
152	〃20. 5.23	福島	〃				
153	〃20. 7.23	〃	〃				
163	〃20. 2.10	林兼	佐世保工廠	昭20. 8.22	機雷	七尾湾	
164	〃20. 3. 2	〃	〃	〃20. 5.30	座礁	種子島	
165	〃20. 5.15	〃	〃				
166	〃20. 7.23	〃	〃	昭20. 8.12	飛行機	蔚山港東南方	
173	〃20. 3.26	徳島	呉工廠	〃20. 3.29	機雷	若松港	
174	〃20. 5.10	〃	〃	〃20. 6. 8	潜水艦	天草下島崎	
175	〃20. 6. 6	〃	〃	〃25.10.30	座礁	須崎沖	
179	〃20. 5.20	自念	佐世保工廠	〃20.11.中旬	〃	仙崎	
191	〃20. 3.27	福岡	〃	〃20.10.27	〃	群山	
192	〃20. 7.27	〃	〃				

（出典：丸 Graphic Quarterly No17　1974年7月　潮書房発行）

島への強行輸送に使用されることになった。二等輸送艦は当初、南方の静かな海面で使用する予定で、外洋航行は期待しないことになっていたが、戦況の変化は太平洋の荒波と空爆というきびしい試練を課す羽目となった。兵装は八センチ高角砲一門と二五ミリ機銃にすぎない。

硫黄島で本艦が接岸擱座可能なのは、南揚陸場とよばれた幅二五〇メートルの砂浜だけしかなく、ここに内地から物資を積載し出撃してきた二等輸送艦が相並んで揚陸を行なう光景がつづいた。当然そこは米側のねらうところとなり、猛烈な空爆と砲撃が行なわれた。しかし場所を変えることはできない。そのため二等輸送艦の被害は相ついで、まさに消耗品であった。

まず七月四日、一三〇号輸送艦が被爆沈没したのを皮切りに、一三三号、一三四号、一五七号、一三二号、一五四号などすべて同一地点で揚陸中、爆撃あるいは砲撃をうけて喪失した。とくに最初に被爆沈没した一三〇号輸送艦の船体上に、一三三号が馬乗りの状態になったまま爆撃をうけて沈没するなど、悽愴な場面もあり、その戦闘の激しさを物語っている。

硫黄島に米軍が上陸したのは昭和二十年二月、守備隊が玉砕したのは三月であった。

▽最高級だった掃海艇始末記

日本海軍の掃海艇は大正十二年六月に第一号艇が完成し、一号、五号、十三号、十五号、十七号、七号、十九号型とつぎつぎに改良されて、七種、合計三十五隻が建造された。いずれも基準排水量五〇〇トン以上、速力二十ノット、二ないし三門の一二センチ砲を搭載し、

第16号掃海艇(手前)に接近中の第17号掃海艇。630トン、全長72.5m

掃海艇

艇名	竣工年月日	建造所	沈没年月日	原因	場所
1	大12−6−30	播磨	昭20−8−10	飛行機	岩手県山田港
2	〃	三井	17−3−1	機雷	ジャワ バンタム湾
3	〃	桜島	20−4−9	潜水艦	岩手県東方
4	14−4−29	佐世保	21−7	処分	（シンガポール）
5	昭4−2−25	三井	19−11−4	潜水艦	マラッカ海峡
6	〃	桜島	16−12−26	飛行機	ボルネオ・クチン沖
7	13−12−15	三井	19−4−15	潜水艦	アンダマン付近
8	14−2−15	浦賀	21−7	処分	（スラバヤ）
9	〃	舞鶴	17−2−2	機雷	アンボン港外
10	〃	石川島	16−12−10	飛行機	ルソン北ビガン
11	14−7−15	浦賀	20−3−28	〃	マカッサル沖
12	14−8−15	石川島	20−4−6	潜水艦	ジャワ付近
13	8−8−31	藤永田	17−1−12	砲撃	タラカン
14	8−9−30	桜島	〃	〃	〃
15	9−8−21	藤永田	20−3−5	潜水艦	南西諸島北方
16	9−9−29	三井	18−9−11	飛行機	マカッサル付近
17	11−1−15	桜島			（佐世保）
18	11−4−30	三井	19−11−26	飛行機	海南島付近
19	16−5−31	石川島	16−12−10	〃	ルソン北アパリ
20	16−12−15	〃	20−5−5	潜水艦	黄海南部
21	17−6−30	播磨			（青島）
22	17−7−31	石川島	19−11−11	潜水艦	パラオ付近
23	18−3−27	播磨			（大湊）
24	18−1−15	石川島	20−7−15	飛行機	青森、大門崎
25	18−4−30	呉	19−7−4	潜水艦	父島北西方
26	18−3−31	横浜	19−2−17	飛行機	ラバウル
27	18−7−31	播磨	20−7−10	潜水艦	岩手魹崎沖
28	18−6−28	呉	19−8−29	〃	メナド北西
29	18−10−22	石川島	20−5−7	機雷	下関彦島燈台
30	19−2−5	〃	19−11−11	飛行機	レイテ、オルモック
33	18−7−31	横浜	20−8−9	〃	女川港
34	19−5−29	石川島	20−5−21	潜水艦	ジャワ海
38	19−6−10	藤永田	19−11−19	〃	高雄沖
39	19−5−31	播磨	20−7−20	〃	済州島付近
41	19−7−17	藤永田	20−4−25	〃	台湾北方
101	19−4−10	香港	20−1−12	飛行機	仏印南部
102	19−9−28	香港			（大湊）

注：場所欄中の（　）は終戦時の所在を示す。

（出典：丸 Graphic Quarterly No20　1975年４月　潮書房発行）

速力、兵装とも世界各国のなかでも優秀な性能の艇であった。
開戦時には第十九号艇までが完成しており、マレー半島、比島方面の攻略部隊の先陣となり、上陸作戦に活躍した。第十九号は十二月十日午後、ルソン島北岸アパリで爆撃をうけて大破擱座し、第十号も同日、ルソン北部西岸のビガンで船団の前路掃海を行なっていたが、戦爆連合の空襲をうけ、戦闘機の機銃掃射により搭載の爆雷が誘爆して沈没した。

このように激しい上陸戦の連続で、開戦後わずか一ヵ月で十九隻のうち半分ちかくの七隻が爆撃、機雷、砲撃により沈没した。開戦後、建造計画は海防艦などの建造のため、第十九号型は十七隻の完成にとどまった。このほかに昭和十六年十二月、香港を占領したとき建造途中であった二隻の掃海艇を完成させ、一〇一号、一〇二号と命名した。

攻略作戦終了後は、掃海艇本来の目的をはなれて、船型が大型であったため船団護衛に積極的に使用された。このため損失が多く、三十七隻のうち三十一隻が沈没した。このうち潜水艦による被害は十四隻であった。終戦まで残存したのは、四号、八号、十七号、二十一号、二十三号、一〇二号の六隻であった。このうち第四号と八号は昭和二十一年八月、シンガポール沖で海没処分にされ、第二十一号と二十三号は中国、ソ連に賠償艦として引き渡された。

終戦ちかく日本本土近海にB29により投下された機雷約一万三千個の掃海作業に、第二十三号と一〇二号は活躍した。

▽実際は小型駆逐艦の水雷艇

昭和五年、ロンドン軍縮条約で列国海軍の駆逐艦保有の制限が定められ、この条項が日本海軍の国防方針に影響した。しかし同条約では六〇〇トン以下の艦艇建造は無制限としたので、水雷艇の名称で千鳥型四隻の建造を昭和六年より開始した。

千鳥型は、全部で二十隻建造されることになっていたが、各種の最新設備を搭載したため、きわめてトップヘビーのものとなり、ついに本型の友鶴は昭和九年三月、佐世保港外で転ぶく事故をおこしてしまった。このため、当時竣工していた姉妹艦三隻と友鶴は大改造され、その結果、一二センチ単装砲三基、連装発射管一基、魚雷二本とし、速力も三十ノットより二十八ノットとなった。

鴻(おおとり)型八隻は友鶴事件により建造計画を変更したが、速力のみは三十一ノットとした。鴻型の竣工時、軍縮条約は廃棄されて無制限時代に変わり、そこで陽炎型駆逐艦の建造が開始されて水雷艇の建造は不要となり、鴻型八隻が建造されたのみで残りの八隻は中止となった。

たまたま支那事変が勃発し、新造艦であるこれら十二隻の水雷艇は揚子江上に、また中国沿岸の封鎖作戦に出動し、その軽快性を発揮した。太平洋戦争への突入により、第二十一水雷隊に所属した千鳥型は、第二根拠地隊として比島攻略作戦に参加し、鴻型は一部をのぞいて南支方面で哨戒に任じていた。

第一段作戦終了後、比島攻略に従事した艇は、南西方面の局地防備部隊へ編入されたほか、海上護衛隊として船団護衛の任務についた。このほか、米潜水艦の進出により、日本本土の太平洋沿岸での船舶の被害が続出しだしたので水雷艇が投入され、搭載する四十八個の爆雷攻撃は、米潜水艦長たちから〝千鳥型おそるべし〟との警告まで出されたほどだった。

昭和十八年の中頃より日本船舶の喪失が急激に増したため海上護衛専門となり、機銃を増備したほか、一部には一三号電探を搭載したが、熾烈な米軍機の攻撃により、昭和十九年六月ごろより相ついで沈没し、初雁(はつかり)と雉(きじ)の二隻が残存したのみであった。昭和二十二年十月、雉がソ連へ引き渡され、水雷艇の歴史は終わった。

▽立ち遅れた日本の駆潜艇

艦隊決戦を至上命令とする日本海軍は、防備兵力の主力である対潜掃討艦の駆潜艇などは、戦時突入のさいは漁船などを特設駆潜艇に徴用して戦力（太平洋戦争では開戦時、内戦部隊は特設駆潜艇が主力であった）とする計画であった。

しかし時代の趨勢（すうせい）は駆潜艇の建造が必須となり、昭和八年、二八〇トン級の一号型、二八五トン級の三号型を建造したが、復原性も悪く、また友鶴事件などの理由から改善工事が行なわれた。㊂計画では、これら欠点を是正した三〇〇トン級の四号型九隻を建造した。四〇ミリ連装機銃一基、爆雷投射機二基は踏襲されたが、船体構造が精緻で量産むきではなかった。

そこで航洋性、護衛力を兼ねた量産むけの新造艦として四六〇トン級の十三号型十五隻が建造された。主砲は潜水艦内殻を貫通し、対空戦闘もできる八センチ高角砲一門、一三ミリ連装機銃一基、爆雷投射機二基のほか、落下台を設け爆雷三十六個を搭載した。速力は十六ノットと低下したが、航続力は増大した。

駆潜艇は、はじめ特務艇として建造されたが、昭和十五年十一月、艦艇籍に独立した艦種となった。そのさい、戦中に紀伊防備隊の主力として、しばしば米潜水艦攻撃の主力となった第五十一号、第五十三号型は特務艇籍に残された。この両艇は一七〇トン級、速力二十三ノットと小型ながら、軽快な運動性に富んでいた。

開戦時に保有した二十三隻の大部分は駆潜隊を編成し、第一、第二根拠地隊に編入され、比島攻略の先兵となった。

戦況の進展により、駆潜艇は局地防備戦力として、対潜、護衛兵力として活躍した。一方、㊐計画による建造状況は、昭和十七年五月以降、毎月一～二隻に上がり、南東方面、中部太平洋方面より来攻する米潜水艦攻撃の主力や、護衛戦力となったが、海防艦の量産がはじまってから以降は、もっぱら本土沿岸にあって船舶の保護を主任務としたほか、一部の新造艇はオルモックへの突入に活躍し、六十四隻つくられた駆潜艇のうち、二十一隻が残存した。

（正岡勝直）

▽虫害になやまされた駆潜特務艇

駆潜特務艇第一号型は木造で同型艦計二〇〇隻が建造されて、日本海軍では同型艦数の多いことにおいてはまさに一番であり、また戦中戦後を通じて、もっとも広く使用された型であった。

北は千島より南はソロモン、ニューギニア、蘭印およびインド洋など、ほとんど全作戦海面に進出したが、木造のため船底の虫害の防護になやまされた。一例をあげれば、昭和十八年秋に新造そうそうパラオに進出した艇は、進出後の三十日以内に、虫害のためすっかり船底を喰いあらされ、杉の包板はもちろんのこと、船底外板の一部は、カステラのように穴だらけとなり、そうそうに陸上に揚げて大修理をするほどであった。

本型艇の用途は哨戒対潜のほか護衛にも使用され、ソロモン方面では局地輸送にも使われた。昭和二十年春より内地主要港湾などに、B29により機雷が敷設されるようになると、この対策には鋼船では磁気に感応しやすく危険であり、大発などの小型艇では掃海具の曳航ができず、ちょうど駆潜特務艇第一号型は木造であり、曳航能力も若干あり、かつ発電機が有力で、そのまま磁管へ通電できる能力があったので、内地ではもっぱら磁気機雷の掃海に使用された。

終戦後も相当の隻数が、そのまま同じ任務に供用されて、海上保安庁、海上自衛隊掃海艇として、その多くが使用された。なお、戦争中に第一号型二〇〇隻のうち八十一隻が沈没し、終戦後、七隻が機雷や台風などにより沈んだ。このほかジャワで建造中の駆潜艇を拿捕した一〇一号より一一八号（一〇八号は未成）の計十七隻があり、そのうち十隻は沈没した。

▽初期の海防艦長は古参の中佐

昭和十二年度の第三次補充計画で、新しく小型沿岸警備艦が建造され、これを海防艦と呼ぶようになり、占守（しむしゅ）型（甲型）四隻が建造された。この四隻は、いままで駆逐艦で行なっていた北方の警備と漁業の保護を主とする任務のために建造されたものであった。

開戦後、占守型の就役後の実績がきわめてよかったこともあって、護衛用として多数急速に建造する必要にせまられて、択捉（えとろふ）型（甲型）として十四隻が建造された。択捉型までは各方面の期待が大きく、艦長には中佐の、古参で大型駆逐艦長の経験者を任命した。このため新造の八六〇トンの海防艦長は中佐の古参とは知らず、駆逐艦がすれちがうとき、駆逐艦長が先任と思って敬礼をしないで行こうとすると、海防艦長より叱られることがしばしばあっ

有事局地用に急造された木造漁船型の駆潜特務艇。130トン、全長29.2m、速力11ノット、機銃1～2梃、艇尾投下軌条2基と爆雷22個、吊下式水中聴音機と探信儀

第31号哨戒特務艇と第68号駆潜特務艇(手前)。31号の船橋右後方支柱に対空13号電探。漁船式木造哨戒特務艇は238トン、25ミリ連装単装機銃各1基、艇尾に投下軌条2基と爆雷12個搭載

たという。

このように駆逐艦長経験ずみの老練な艦長を配員したが、先任将校は兵学校出身の新任中尉、機雷長が特務中尉、航海長が商船学校出身の予備少尉という状況であった。このため内地〜シンガポール間の船団護衛は約十日間かかったが、その間、艦長は艦橋をおりることはほとんどなく、昼夜兼行で頑張りとおして任務を遂行した。

その後、戦争の後半においては隻数も急増して、海防艦長の全部が商船学校出身となり、一般乗組員の素質も低下したと思われる。

戦争後半における海防艦の喪失数は多くなった。その原因として、敵潜水艦の戦力の向上や敵航空機の攻撃などが有力なものであったが、一方、わが海防艦の練度の未熟ということも見逃すことのできない大きな原因の一つであったといわれている。ちなみに海防艦は一七一隻を保有していたが、そのうち七十七隻を失い、しかも半数の三十九隻が敵潜水艦の攻撃によって沈没した。

▽伊良湖の入港を待ちわびた在泊艦艇

艦隊用給糧艦は間宮一隻であったが、開戦二日前に伊良湖が竣工した。給糧艦は糧食各種を多量に搭載するほか、艦内に各種食品製造工場をもっており、その来航するのを艦隊泊地の艦艇は首を長くして待ちこがれていた。

伊良湖は計画上はディーゼルを使用する予定であったが、重油を燃料とすると将来、重油不足で動けなくなるということで、やむなく石炭罐にした。そのため豆腐とこんにゃくに石炭粉が入る苦情があり、石炭粉の処理についていろいろ検討したが、どうすることもできず、けっきょく煙突の高さを高くして粉末が遠くへ落ちるようにしたため、煙突だけが大きく見えるのである。

なお生産能力は一日あたり、次のようであった。

生パン二五〇キロ、パン菓子一万個、大福餅一万個、焼饅頭二万個、最中六万個、ようかん二二〇〇本、あんこ一二〇〇キロ、ラムネ七五〇〇本、アイスクリーム五千個、豆腐一五〇〇キロ、こんにゃく一五〇〇キロ、漬物四千キロ、洗濯（夏物）四〇〇着、製氷三五〇〇キロ。

このほかに冷蔵庫があり、肉、魚、野菜、果物、卵などを搭載しており、艦隊泊地に入港すると、在泊の艦艇からは内火艇に作業員を乗せて、競争で伊良湖に集中するのであった。

一等輸送艦十七号 沖縄方面輸送の顚末

二等輸送艦二隻、駆潜艇二隻と海防艦を率いた大島輸送隊指揮官の手記

当時十七号輸送艦長・海軍大尉　丹羽正行

北方領土問題のことを、大学出の三十代から四十代の男子社員と話し合ったとき、択捉（えとろふ）、歯舞（はぼまい）などの四島は当然のこと、千島列島がむかし平和の裡（うち）に日本が取得していたはずのわが国固有の領土であるという歴史上の事実と、その後の経過をまったく知らないという現状に驚かされた。学校ではもちろん家庭でも、また先輩からも教えられなかったというのである。

外交上、政治的に特殊の配慮をする必要があるかどうかは別として、事実は事実として書き残しておかないと、日がたつにつれて人の記憶は薄れ、風化されて思い違いなど誤った認識が、あたかも事実としてまかり通ることになる。そして、それが記憶のもととなり、間違った記憶が事実として伝えられるということになる。それは、経験した当事者としては忍び

丹羽正行大尉

難いことである。

第二次世界大戦中の大きな海空陸戦については、多くの人々が書き残してきている。今回はその檜舞台(ひのき)のことではなく、舞台裏で地味な哨戒、警備、輸送などに従事した、余り知られていない輸送作戦について触れてみたいと思う。

一等輸送艦長に着任

昭和十九年(一九四四)敵はついに本土防衛の最前線基地の一つとしていたサイパン島を攻略し、わが軍は南雲忠一海軍中将以下、七月六日～七日に全員が玉砕した。敵は占領したサイパンの航空基地から大型爆撃機(B29)を発進させて、連日、日本本土各地を空襲した。敵のつぎの本土攻撃の上陸目標はどこであるか、そのときは竹槍ででも応戦しなければならないのかというほど、戦況はわが方に不利になりつつあった。まさに事態は逼迫してきていた。ガダルカナルの手痛い敗戦の戦訓から、沖縄および南西諸島方面への戦力の増強は、とくに焦眉の急であった。

第十七号、第十八号一等輸送艦は、呉の同じドック内で二隻一緒に艤装中であった。私は昭和二十年一月十一日付で駆逐艦浜風(はまかぜ)の砲術長兼第一分隊長(先任将校)から第十七号および第十八号輸送艦の艤装員長に補された。

一月二十八日、呉に帰港した駆逐艦浜風を退艦して、艤装中の第十七号、第十八号輸送艦に着任した。着任後の最初の仕事は、福井静夫技術少佐(造船担当)との艤装打合わせであった。すなわち空母翔鶴時代の、二五ミリ機銃増備に関する中央との折衝と対空戦闘の経験を生かして、できる限り二五ミリ単装機銃の増備およびそれに伴う人員の増員を手配することであった。

福井技術少佐はたいへん熱心に私の主張を聞きいれてくれ、関係各方面と折衝して、二五ミリ単装機銃十三基の増備を実現してくれた。なお当時、急降下爆撃機と雷撃機にたいするもっとも精度の高い対空射撃砲である二五ミリ機銃は、製造が間に合わないぐらい各方面からの増備要求が多かったという。

さて、建造能力の関係で、第十七号一等輸送艦のほうが一足先に竣工、引渡しとなった。昭和二十年二月八日のことである。以後、二月二十八日まで公試運転を行ない、整備訓練もそこそこに、三月二日に呉を発ち大浦湾に向かった。ここで特殊潜航艇「甲標的T型」二隻を艦尾のレール上に搭載して、三月三日、下関海峡、唐津経由で佐世保に回航した。そして、佐世保鎮守府司令長官の指揮下に入り、弾薬、地雷、糧食など六百トンを満載して、沖縄輸送作戦を開始することになった。

ここでちょっと横道にそれるが、海軍部内の人にもあまり知られていない、一等輸送艦について簡単に触れておきたい。

そもそも本艦誕生の要因となったのは、あのガダルカナル戦にある。周知のようにこのガ島戦ではわが方は補給に苦しみ、なけなしの駆逐艦を多数この任務に投入しなければならなかった。しかし、駆逐艦では物資の搭載量も少なく、また当然ながら揚荷機もなく、ドラム缶入りの物資を海中に投棄して味方に渡すといった方法しかとれなかった。

こうした補給能力の不足が、結果的にガ島攻防戦の帰趨を決したわけで、この戦訓によって急遽つくられたのが一等輸送艦であった。すなわち一等駆逐艦の二軸推進のうちの一軸、一罐を撤去して、その代わりに船倉二室と揚荷機を増設したのである。しかし建艦能力の関係で、終戦までに第一号から第二十一号までの二十一隻しか建造されなかった。

ちなみに、第十七号一等輸送艦は基準排水量一五〇〇トン、航続距離十八ノット三七〇〇浬。一二・七センチ連装高角砲一基、二五ミリ三連装機銃三基、連装機銃一基、単装機銃十五基、一三ミリ単装機銃五基。機雷投下軌条一条、爆雷投下軌条一条、爆雷十八個。搭載能力は特殊潜航艇(特潜/甲標的蛟龍)二基または大発二隻、物資六〇〇トン、十三トンデリック一基、船倉は前後部に二室であった。

第一回の沖縄輸送作戦

さて、作戦開始に先立ち、佐世保鎮守府司令長官・杉山六蔵中将にご挨拶し、参謀長の石井敬之少将、参謀副長・石原聿大佐、同大江秀三大佐、首席参謀・土井美二大佐、通信参謀・伊藤勉一少佐など司令部の人たちと敵味方の情況を分析して、綿密な作戦計画を練った。

まず艦長として次のことをチェックした。(1)九州西岸および南西諸島、沖縄方面海域の敵潜水艦と航空機の情報。(2)味方艦船や航空機、とくに潜水艦の配備状況。(3)沖縄方面のわが軍の状況と港湾の情況。(4)この時期の気象情報と気象特性等。

以上のなかでも、とくに敵潜水艦の情報を最重視し、もっとも安全と思われる航路を選定して沖縄に向かった。なお敵潜水艦の情報は、敵潜の無線交信の電波を探知して位置を測定する方法と、敵潜に味方艦船がやられた日時と場所で確認する方法、それに味方哨戒航空機により敵潜発見の位置確認等の方法により、確率の高い情報を採用した。

三月八日、沖縄北部の運天湾沖で、特殊潜航艇「甲標的T型」二隻を降ろした後、引きつづき南部の那覇港の岸壁に横付けして、昼間二日間で揚陸作業を完了した。沖縄方面根拠地隊司令官の大田実少将（後に玉砕され中将となられた）にお話して、独断で第十七号一等輸

甲標的の搭載発進実験中の一等輸送艦。上甲板後部が傾斜しており、大発等の発進用軌条が2条設けられている。この実験により速力10ノット以上なら航走中発進可能とわかり以後、比島や沖縄に甲標的が輸送され、のち回天の輸送にも使われた

送艦用の常備の糧食を二日分だけ残して、残り全部を揚陸した。大田司令官は非常に喜ばれて、見返りというわけではないが、船倉に満杯になるほどの砂糖袋を内地へ託送された。

三月九日の揚搭作業中、敵PBM大型飛行艇が偵察のため遠くに飛来したが、攻撃はして来なかった。三月十日（東京大空襲のあった日）、大田司令官と握手して（六月十三日に玉砕されたため、これが最後のお別れとなった）那覇を出港し、三月十二日に佐世保へ帰港した。

司令部に報告ののち、第二回輸送作戦用の特殊潜航艇「蛟龍丙型」二隻を搭載するため、三月十五日、呉に回航した。この特潜搭載準備のため、呉港に待機中の三月十九日、敵艦上機のべ二七〇機が来襲、午前七時十二分より午前十一時三十分まで、軍港施設および艦船に攻撃を加えた。

これで巡洋艦矢矧、駆逐艦雪風の乗員が負傷、私も右脚膝外側に小弾片の盲貫銃創をうけた。しかし、蛟龍丙型の搭載準備が完了したので、直ちに呉を出港して大浦に向かい、ここで艦尾に特潜二隻を搭載して、唐津経由で佐世保に向かった。

それより前、第十七号一等輸送艦より遅れて艤装竣工した第十八号一等輸送艦は、十七号と同じように単艦で沖縄輸送作戦に参加し、佐世保を出撃した。しかし、三月十八日以降、消息を絶ち、艦長大槻勝大尉以下の全員（約二百名）が戦死された。大槻艦長は私より海兵一期上の第六十七期であるが、私が兵学校で病気留年する前は同期であったので、その人となりをよく知っていた。勇猛果敢な惜しい人物をまた一人失い、かつ多くの優秀な乗組員が戦死したのは、痛恨の極みである。

おそらく三月十八日、緊急通信連絡をすることなく消息を断ったのは、夜半のことで、敵潜水艦の奇襲雷撃をうけて轟沈したのではなかろうか。十八号一等輸送艦も十七号と同じように特殊潜航艇二隻と弾薬、地雷、糧食を満載していたので、敵魚雷が機関室か弾薬搭載の船倉にでも命中すれば、弾薬庫と同じであるから誘爆を起こして轟沈する条件はそろっていたのである。

十七号一等輸送艦が第三回目の沖縄輸送作戦の準備をしているとき、敵は沖縄とその周辺に本格的攻撃を加えてきた。三月二十五日には、敵は沖縄周辺の制空権を完全に掌中におさめたうえで、沖縄西方の慶良間列島に上陸、これを占領して沖縄周辺の掃海を開始した。

大島輸送隊の編成

三月二十七日、急遽、奄美大島特別輸送隊が編成され、第十七号一等輸送艦、第一四五号および第一四六号二等輸送艦、海防艦第一八六号、駆潜艇第四十九号および第十七号の六隻をもって「大島輸送隊」と呼称することになった。輸送隊指揮官には最初、佐世保港務部長の某大佐がなる予定であったが、病気のため急に先任艦長の第十七号一等輸送艦長（私）が、「大島輸送隊指揮官」として発令された。佐鎮長官命令電文による輸送人員物件としては、大島蛟龍隊関係基地員ならびに物件（芙蓉隊より移載）、蛟龍丙型二隻、大島行き弾薬その他となっている。

第一回の第十七号一等輸送艦の単独沖縄輸送作戦のときとは一変して、戦局は一挙に緊迫した状況となってきていた。沖縄、南西諸島方面の敵潜水艦の出没情報が急増し、敵機はたとえ小さな漁船でも、およそ動いているものならどんな舟艇でも撃沈するまで、徹底的な攻撃を繰り返すようになっていた。このようなことは、敵がこの方面にたいして大きな作戦を展開する前触れであることは、容易に察しがついた。しかし、何分にも制空権を奪われているため、敵勢力など近海の敵情全体を把握することは、きわめて困難であった。

とはいえ、戦況が逼迫しており、大輸送作戦により緊急補給をしなければならないことだけは、はっきりしていた。したがって、一隻一隻の単艦による敵前輸送作戦では、各個撃破されて被害だけ大きく、輸送の目的である補給効果があがらない。そこで、そのときに動員できる輸送用艦船を総動員して輸送隊を編成し、一挙に輸送目的を達成するための輸送決死隊作戦が、緊急に立案されたのである。

佐世保鎮守府司令部では前回と同じく参謀長をはじめとする幕僚と、各艦の艦長を集合させ、司令部において第一回の大島緊急輸送作戦会議が開かれた。そのときの戦況は、沖縄では彼我攻防の激戦が繰り返されていて、沖縄本島に直接の輸送作戦を実施しても、まず成功は覚束（おぼつか）ない。そこで、もっとも成功の確率の高いであろう奄美大島、加計呂麻島の「奄美大島海軍防備隊」に特殊潜航艇や弾薬、地雷、糧食類をいったん揚陸し、その後、機を見て沖縄にピストン輸送をするというのが、佐鎮司令部の作戦であった。

「大島輸送隊指揮官」の私としては、三月三十日、電文（文書）を各艦艇に発信して大島における揚陸作戦を練った。また大島防備隊長の谷口秀志大佐とは、左記の無線打合わせを完了して、出撃命令を待った。

「機密第三〇一八〇五番電

大島輸送隊X＋2日〇一〇〇頃大島着　夜間急速揚搭ノ予定ヲ以テ計画シアルトコロ十七輸送艦ハ吃水五メートル長サ一〇〇メートル旋回圏五〇〇メートル搭載物件基地関係標的以外二〇〇立方トン防備隊関係四〇〇立方トンニシテ岸壁横付揚搭ヲ可トシ又一四五、一四六輸送艦ハ搭載物件トラック外一二五トン（揚搭デリックナシ）ニシテ陸岸ヲノシ上ゲ揚搭ヲ可トスルトコロ岸壁ノ情況及適地至急承知致度　尚十七号輸送艦岸壁横付不可能ナル際ノ大発舟艇類ノ情況ヲモ知ラサレ度」

それより以前の三月二十八日には大島輸送隊の各艦長に文書の命令書を手渡し、詳細な打合わせを同時に行なった。その概要は「三月二十七日の大島輸送隊編成命令にもとづき、二十八日に出撃準備を完了して、寺島泊地（佐世保港外、西彼杵半島北部西岸沖。呼子ノ瀬戸）で出撃待機中に編隊航行と旗旒（きりゅう）、発光、手旗信号などの訓練を実施する」というものであった。

なにぶんにも急に編成した寄り合い部隊であったので、思うような編隊航行すらできず、また信号も手旗信号以外は未熟で、完全な通信手段とはならなかった。出撃後は無線封止をするので、夜間は適切な通信手段がない。

第十七号一等輸送艦は二月八日に竣工して、沖縄への作戦行動をした経験がある。しかし、海防艦第一八六号は二月十五日に竣工して乗組員の充員もままにならず、しかも初めての作戦行動であり、初めての船隊（編隊）行動である。さらに各艦とも、乗組員の三分の一近くが艦は初めてという経験の浅い、体力のない第二補充兵である。戦況急変に対応するため、頭数をそろえることが精いっぱいで、十分な訓練をする時間もなかったのである。

そのような状態のなかで、最前線にたいする輸送作戦は至急に、ぜひ成功させなければならない至上命令である。そこで第十七号一等輸送艦に輸送隊各艦の艦長、航海長、砲術長たちを集め、これに第十七号一等輸送艦側の航海長高木美佐男大尉（先任将校、神戸商船三四期）、砲術長大竹良助中尉、砲術士中山一歩（いっぽ）少尉、航海士山田鉄男少尉、掌信号長駒村善雄一等兵曹も加わって、出撃前の最終打合わせを行なった。

その内容のおもな事項は次のとおりである。

一、大島突入までの航路は、敵潜水艦出没情報のもっとも少ない地点を選び、かつその中で大島までの最短距離との兼合いの最善の航路とした。

一、昼と夜の編隊航行と速力および之字運動の方法を変えて、もっとも単純な方法をとった。

一、敵機または敵潜水艦、魚雷艇と会敵した場合の戦法、その他緊急事態発生時の通信方法と連絡できなくなったときの処置。

一、指揮官戦死のときの軍令承行の順位。

一、現在時点での彼我の情報。

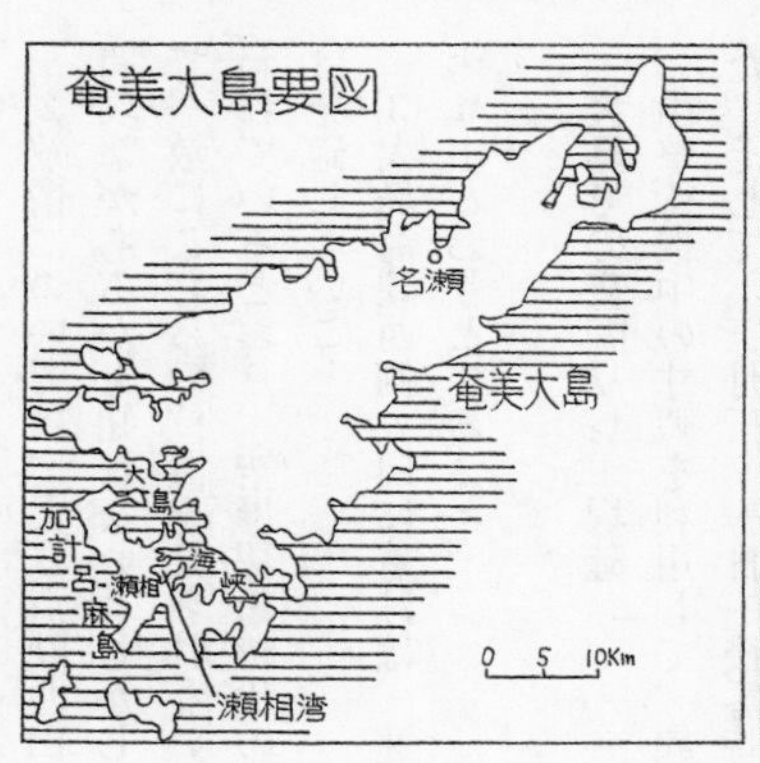

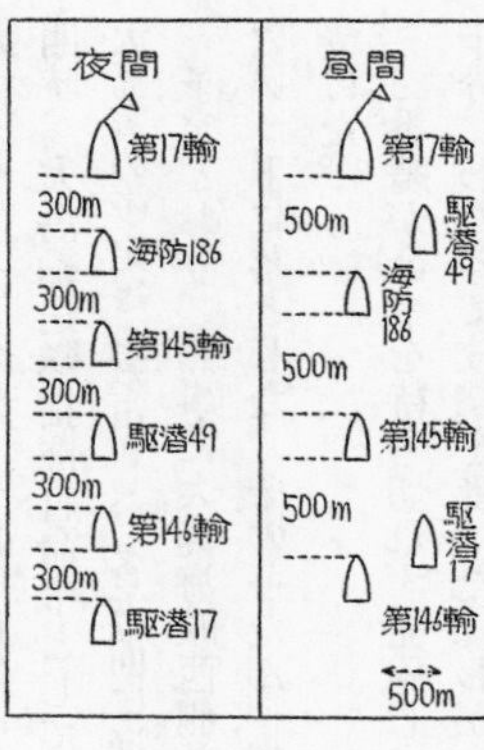

一、大島到着後の揚陸場所と荷揚（にあげ）の方法。

一、大島・瀬相湾内における各艦の偽装方法と空襲時の対応方法（偽装艦は対空射撃はしない）。

一、第十七号一等輸送艦と海防艦一八六号は予調照尺による弾幕射撃を対空戦闘方法とすること。

一、揚搭任務終了後の行動は別令する。以上

具体的には、以下のように机上打合わせを終了した。

(1)編隊航行は昼夜とも第十七号一等輸送艦が先頭で、陸岸よりおおむね五百～一千メートルの距離をとり、昼間は之字運動をするが、夜間は列島線に沿って直進する。水深の関係で夜間は敵潜水艦は浮上せざるを得ない。浮上すれば、わが方の攻撃力が有利である。わが方の警戒は右側の対潜警戒と敵魚雷艇に備えるだけでよい。昼間の之字運動も、トラブルの少ないもっとも簡単な方法をとった。編隊航行速力は、やむを得ずいちばん遅い駆潜艇の速力に合わせて十二ノット実速とした。

(2)敵情については、大島海峡西口付近で敵と味方砲台との交戦情報があるので、敵機の夜間攻撃があるかも知れない。しかし、スピードを六ノット以下に落とせば、航跡が出ないので、敵にこちらの位置を知られない。闇夜（やみよ）に鉄砲は音だけで当たらない——とむかしから言われているとおり、空母翔鶴時代の経験からも、敵機を無視して大丈夫だから、こちらからは発砲しないこと。

(3)大島海峡西側入口に着けば、速力を六ノットに落として、狭水道通過時の安全航行のセオリーどおりとすること。

大島での夜間リレー揚陸

出撃待機中の寸暇を利用して、編隊航行を主に、通信連絡、対空射撃訓練を何回か実施した。そして、三月三十一日午後零時五十六分、佐鎮長官より出撃命令が出された。同日午後四時、大島輸送隊指揮官命令として出撃命令（実速十二ノットをもって四月二日午前一時、大島着の予定等）を出し、各方面に通報して、午後六時、寺島泊地を抜錨出撃した。

予定どおり、無事に大島海峡西側曽津高岬をまわって、海峡入口に到達したので、速力を六ノットに落とした。そのとたん、四月一日午後八時三十五分、敵機二機の夜間索敵攻撃を受けた。

二番艦が命令を待ち切れず発砲してしまった。これで敵機にわが方の位置を確認され、三十分にわたって攻撃を受けた。わが方も全艦二五ミリ機銃をもって応戦する。敵機の数が少ないせいもあって、わが方の被害は、十七号一等輸送艦の乗組員一名が負傷し、海防艦一八六号乗組員一名戦死、重軽傷者七名を出したが、幸い敵の命中弾はまぬがれた。

敵機の夜間攻撃をうけた以上、無線封止の必要がなくなったので、佐鎮長官宛と関係部隊へ「二〇三〇われ敵数機の夜間攻撃を受く、地点大島海峡西口、わが方の損害、戦死一のほか軽微、戦果なし、敵は小型ロケット弾らしきものを使用せる模様なり、二一〇〇」と打電した。そして一列縦隊のまま海峡を通過、大島輸送隊は無事に瀬相湾に到着、それぞれ所定の場所に入港した。

十七号一等輸送艦は四月二日午前一時に岸壁に横付けし、一四五号および一四六号二等輸送艦は、あらかじめ打合わせずみのリアス式海岸のなかの浅瀬のある入江の浜辺に乗り上げて、直ちに揚陸を開始し、予定どおり樹木で偽装工作を行なった。

十七号一等輸送艦の岸壁では、防備隊、大島蛟龍隊関係者のほか、地元瀬相集落の住民が多数待機していた。そして特攻基地関係物資二百トンと防備隊関係弾薬物資四百トンとを、十三トン揚荷機と人手によるリレー方式で揚搭を行なった。また、一四五号と一四六号の方は、それぞれ乗用車一台ずつと一二〇トンずつの物資を、人手によるリレー式で揚搭を実施した。まさに軍民総出、進軍ラッパに元気づけられての一致協力である。

かくして四月二日の午前六時半まで、五時間の短時間で分散揚陸をほぼ九割以上成功させた。沖縄への輸送時に比較すれば、夜間という不利なハンデを克服したうえの驚異的スピードである。そのときの模様を、大島防備隊員であった木下勝氏が「青春の回想」のなかで、

一等輸送艦第９号。連装高角砲と機銃、艦橋上に測距儀とラッパ状22号電探、水中探信儀と聴音機が各１基。奥は海防艦の沖縄で単装高角砲、測距儀、電探が見える

大略つぎのように記している。

「大島防備隊への輸送作戦は益々困難を極めて来た。輸送艦の損害もまた日を追って甚大な数となっていった。そして遂に最後の輸送艦隊が送り込まれることになった。この輸送艦隊の受け入れのためあらゆる準備が開始され、度々の荷揚作業で今や倉庫となっている機雷庫の弾薬や、その他の物資を分散疎開するため、吾々は二昼夜にかけて徹夜で作業を続けた。（中略）そして輸送艦の着く日がやって来た。四月末（四月一日の誤り？）の事である。艦船も兵員も、大島防備隊の本隊をあげての総動員である」

揚陸作業中の時間を利用して、大島防備隊司令・谷口秀志海軍大佐と副長の檀原袈沙由中佐以下の参謀たちと相談して、先ほどの敵夜間攻撃機の来襲状況から、明日の夜明けを

待っての敵機の大空襲は確実と判断された。

そこで十七号一等輸送艦は、日出以前に揚搭を一時中止して岸壁をはなれ、特潜二隻を瀬相湾に降下させ、入江に隠蔽する。輸送艦は吃水が深くて入江に入るわけにはいかないので、岸壁を遠く離れて海防艦一八六号寄りに碇泊して、残った物資を防備隊の大発で運搬することにした。岸壁を離れるのは、敵機の攻撃を受けたとき、岸壁に揚陸した弾薬物資と輸送艦の同時二重被害を避けるためである。

一方、防備隊では、明るくなるとともに三方の山の頂上数ヵ所で、空襲警報と同時に煙幕を焚き湾上を煙幕でおおって、湾内の揚陸作業の側面援護をする。また空襲があれば、十七号一等輸送艦と海防艦一八六号は、陸上砲台と連動して湾口方面を主方向に対空弾幕射撃で迎撃する。

一方、一四五号と一四六号二等輸送艦は、予定どおり別々の入江に入り、浅瀬に乗り上げて、まず付近の山から樹木を伐採して艦体を秘匿、カムフラージュして、敵機の攻撃をかわすことにした。出撃前の防備隊との揚陸事前打合わせのときにはなかった煙幕作戦は、現地の情況から判断した思いつきであったから、事前の準備はできていなかった。

瀬相湾内の対空戦闘

四月二日午前六時三十分、予想どおり空襲警報が発令されたが、打ち合わせた煙幕は間に合わない。午前六時五十分から午後二時四十分まで、敵戦闘爆撃機F6F延べ二百機以上が攻撃して来た。そして、午後になって煙幕が湾上をおおってきた。

海防艦一八六号は、艦長楠見直俊大尉（神戸商船三〇期）、航海長の中之薗郁夫大尉（東京商船一一八期〈神戸商船三八期〉）以下の善戦およばず、午前十時半に直撃弾を艦橋後部にうけ、大火災を起こして轟沈した。艦橋付近にとじこめられた乗組員の凄絶な雄叫(おたけ)びが砲音をぬって聞こえ、いまも耳から離れない。予備学生出身の砲術長竺(じく)覚盛少尉以下の五十三名が壮烈な戦死をとげ、艦と運命を共にした。

十七号一等輸送艦は、海防艦の消火をするために錨を揚げつつあったが、揚げきれず、逆に深海投錨をしていたためもあって、揚錨機がスリップして錨鎖が全部落下してしまった。

砲術長の大竹良助中尉以下が勇戦奮闘し、敵の執拗な攻撃を何度も撃退した。さらに後部機銃群指揮官の荒木嘉一郎少尉、砲術士中山一歩少尉（予備学生出身）をはじめ中部群指揮官・久保田芳雄兵曹長、津田孝(たかし)一等兵曹、前部機銃群指揮官・横山賢司二等兵曹の指揮する二五ミリ機銃群、それに一二・七センチ高角砲射撃装置指揮所長・村田武一(ぶいち)上等兵曹（先任伍長）の操作する一二・七センチ連装高角砲が、梅垣重昌信管手たちによって弾幕を構築して、敵機を寄せつけなかった。

しかし、ついに衆寡敵せず、午前十一時半ごろ、弾幕の間隙をついて急降下してきた敵機の直撃弾が二発、機関室と後部機銃群付近に命中した。たまたま揚錨機故障を修理するため、上甲板に上がってきた機関兵の四名をのぞいて、機関長・西村鐰三郎機関大尉（東京商船一〇一期）以下機関科の十六名が全滅した。

他方、同じとき、この直撃弾とその弾片、爆風と敵機の機銃掃射により、艦橋上部の防空指揮所で指揮をとっていた砲術長の大竹良助中尉以下、後部、中部機銃群の指揮官・荒木嘉一郎少尉、砲術士中山一歩少尉ら三十三名が壮烈な戦死をとげた。大竹砲術長は重傷のなかで「艦長、すみません」とあたかも自分の責任のごとく、謝るのである。なんとその責任感が強く、職務に忠実であることか。ただただ悲しみのなかに、頭が下がるばかりであった。後ろ髪を引かれる思いで傷の手当と後事を軍医長・井田春海軍医少尉と看護兵に任せて、私は当面の敵に「なにくそッ」と立ち向かった。敵討(かたきう)ちのつもりで、ひとりで二五ミリ単装機銃にかじりついて撃ちまくった。

戦時急造量産型海防艦186号と同型の丁型海防艦42号。排水量740トン、全長69.5m、12cm単装高角砲2基、艦尾に爆雷投射機12基と爆雷120個。丙型(奇数番号)と丁型(偶数番号)は、主機が前者はディーゼル、後者はタービンである

弾装をこめ直しては射撃をつづけなければならないのを、マストの上の測的所で見かねたのか、顔面に反り血を浴びた大矢盛光測的員（のち戦死）が降りて来て、機銃弾の弾装こめを手伝ってくれた。しかし、射撃効果のほどは疑問であった。直撃弾が機関室で爆発したので航行不能となり、通信も使えない。高角砲も手動で操作して射撃しなければならない。ちょうど、一月十五日、駆逐艦浜風が馬公のドック内で敵急降下機と二五ミリ機銃だけで戦ったときと似かよった対空戦闘となった。ただ違うのは、いまは多数の戦死傷者が出て、その弔い合戦となったことである。横山賢司前部機銃群指揮官をはじめ各機銃員、それに池田真一、神保正昭電探長たちの死物ぐるいの勇戦奮闘が三時間以上もつづいたことである。そして、敵機をことごとく撃退したのである。

その後の被害は、艦首左舷に盲弾を一発受けただけである。かくして、被害の増大を喰い止めることができたわけだが、これは戦没者の魂がわれわれ生存者を守ってくれたとしか思いようがない。

午後二時四十分ごろより、島の山頂の数ヵ所から煙幕が瀬相湾をおおってきたので、さしもの敵の来襲も終了し、敵機の爆音も聞こえなくなった。熊谷勇七機銃員や池田真一測的員たち八十名の戦傷者の応急手当に、井田軍医長ほか三名の看護兵たちはてんてこまいであった。

神保正昭一三号電探長をはじめとする通信員や他の生存者が、負傷者を大発で防備隊医務室に運び込んだ。一方、高木先任将校、内務長・寺井末吉少尉以下の応急員は、各所の浸水の応急修理に務めたが、浸水は止めようがなかった。

日没になって、空襲警報が解除されたので、大島海軍通信隊を介して佐鎮長官に戦闘報告をして、爾後の作戦行動の指示を仰いだ。さらに、十七号一等輸送艦の沈没は時間の問題であったので、大島海軍防備隊長・谷口秀志大佐と打ち合わせて、艦の二五ミリ単装機銃を銃架からとりはずし、かつ艦の弾薬糧食とともに、船倉に残っている地雷等をできるだけ陸上に運ぶことにした。

このため、大発以下の小型船を総動員してもらった。そのときの状況は、前掲の「青春の回想」に次のように記されている。

「すでに左舷に傾き火災を起こしている。敵機との交戦が如何に激しかったかを物語っている。左舷に降ろされているタラップから吾々は乗り移った。煙はブリッジのうしろから上がっている。損傷は後部に集中している様だ、船倉には食料弾薬がギッシリと詰まっている。待ちに待った物資が今漸く着いた。しかし輸送艦の状況は決して安心出来るものではない。

損傷がどの程度のものか吾々にはわかるものではないが、傾斜がひどくなれば沈没の恐れも出て来る、時間の余裕はない。吾々はただちに荷揚げを開始した。兵隊たちの士気を鼓舞するため、ラッパ手が進軍ラッパを吹き鳴らしている。敵機との交戦による死傷者が降ろされている中を、吾々は懸命に働いた。

戦友が命をかけて運んできた尊い物資を一物たりとも海に沈めてなるものか。徹夜の疲れも、空腹も、全く何処かへ忘れた様に、まるで神様でも乗り移った様に、兵隊も下士官も完全に心が一致して死物ぐるいで働いている。（中略）消火作業がうまく行かないのか、船倉の中の温度が、かなり高くなってきた。まるで蒸風呂に入っている様である。全身汗だくだ。吾々はおよそ二時間近く船倉の中にいた。まだ半分くらいの物資が残っている。しかし消火作業は遂に打ち切られた。もはや消火不可能になっていた。八時半過ぎである。艦は危険な状態になった。

総員退艦せよ、とブリッジからの号令が、メガホンを通して大きく船倉に広がった。全く残念な事である。かなりの物資を残したまま吾々はタラップを降り、大発へ乗り移った。何名の交代で吹いているのか、ラッパ手は最後の一人が退艦するまで、その音が鳴りやむ事はなかった。

本隊へ引揚げてみると、兵隊たちの動きがまるで昼間の様なザワメキである。次の作業が決まるまでの休憩の間に、用意されていた夜食で腹を満たした。やがて三十分で次の命令が来た。輸送艦の一隻が、古仁屋と東口の中間くらいの押角の沖で坐礁したらしく、これの引降ろしであった」

第十七号一等輸送艦の乗組員も、大島防備隊の人々の協力を得て、大発を利用して数往復して揚陸を行なった。しかし、岸壁に横付けしておこなった早朝までの揚陸に比べれば、手送りだけでおこなう作業、しかも海上を往復する作業は、能率があがらないのは当然であった。

総員退去を午後九時に下令し、逐次、大発で退艦した。そして、それが終了して一時間半後、艦は誘爆を起こして爆沈した。時に午後十一時三十六分であった。

大和特攻隊との遭遇と訣別

大島通信隊を通じて、佐世保鎮守府司令長官に大島輸送隊としての事後の作戦行動の指示を仰いだ。沈没艦の乗組員は大島に残り、防備隊に編入して陸戦隊として戦う覚悟であった。

その旨の命令が出されると思っていたが、「大島輸送隊は負傷者および生存者、他の艦船遭難者全員を収容して、速やかに佐世保に帰投せよ」との命令が出された。

これは大島防備隊、大島通信隊、大島水上基地隊、大島蛟龍隊（特殊潜航艇を中心とした特攻隊）など、大島の食糧事情などもあったのであろうが、内地防衛のため猫の手も借りたいほど、人員が払底していたからでもある。

そこで、先に東シナ海で沈没した電纜敷設艇大立（おおだて）（一五六〇トン）乗組遭難者四十二名と、海防艦一八六号の楠見直俊艦長以下の生存者を一四六号二等輸送艦に便乗させ、駆潜艇十七号が護衛して先に出港、つづいて同日、十七号一等輸送艦の負傷者八十名と生存者九十四名の計一七四名を一四五号二等輸送艦に便乗させ、駆潜艇四十九号が護衛して、瀬相港を出港した。

しかし午後九時三十分ころ、一四五号二等輸送艦が、大島海峡加計呂麻島の芝（しば）の立神（たてがみ）で坐礁してしまった。このため、先に出港した一四六号二等輸送艦を呼び戻して、引卸し作業にとりかからせた。二等輸送艦は八七〇トンの上陸用舟艇型で、もともと岸辺に乗り上げるように設計されているので、すぐに離礁すると思われた。しかも乗組員一〇〇名と元気な便乗者九十四名を後部に移し、前部を軽くした。

こうして機関を後進いっぱいに掛けてみたが、なかなか離礁しない。そこで一四六号輸送艦と駆潜艇四十九号の二隻に曳航用のロープをとりつけて、全艦全力回転で引っ張り、一挙に離礁を試みさせた。しかし、これでもびくとも動かない。翌日の四月五日満潮時を見計って同じように試みたが、これまたびくともしない。やむを得ず、ふたたび佐世保鎮守府司令長官に坐礁の現状と離礁の難しさを報告して、指示を受けた。

前述したように、内地の防衛兵力確保の必要上とその他の状況から、佐鎮長官の「速やかに帰投せよ。途中、大和を中心とする第二艦隊と行きちがう可能性大なり、よって敵味方の誤認のないよう注意すべし」との極秘電報命令を、大島通信隊から受け取っていた。

そんなわけで、四月六日の日没を待って、第一四六号二等輸送艦にほとんど全部の約三〇〇名を便乗させ、また残りの若干名を駆潜艇にふり分け便乗させて出港した。そして、大島海峡西口を出て針路二九〇度、速力十二ノットで、列島線よりの離脱をはかり、敵機の攻撃圏内から遠ざかるように針路をとり、日出と同時に北に変針した。

四月七日は朝から雲が深く、上空の視界はきわめて悪かった。この天候不良はわれわれにとっては天佑であったが、午前六時半には敵の哨戒機ＰＢＭ大艇の触接を受けてしまった。さらに午前八時半には、敵艦上爆撃機六機の編隊に発見されてしまった。敵は四～五千メートル付近まで近づいてきたが、この距離では、まだわが八センチ高角砲と二五ミリ機銃の有効射程外である。そこで砲撃せずに、二〜三千メートルまで引き寄せて射撃を開始するつもりで、じっと我慢していた。すると敵機はそれ以上は近づかず、Uターンして去っていった。

いままでのいろいろな報告からすると、敵はどんな小さな船でも、たとえそれが漁船であっても徹底的な攻撃を加えてくるという。とすれば、今回のこの敵の行動はどう判断すればよいのか。現に、いま便乗している電纜敷設艇大立（おおだて）の生存者の話（三月二十七日、敵機の攻撃によって東シナ海で轟沈し、その四十二名が内火艇で漂流中、大島輸送隊に救助された）などを総合しても、このときの敵機の行動は、不思議に思えたのである。

しかし、その理由はやがて判明する。午前十一時、右前方に戦艦大和を発見したからである。敵は大和を狙っていたのである。しかし天候不良で、断雲が乱れ

二等輸送艦。SB艇（Sは戦車、Bは海軍）と略称する戦車揚陸艦で、全長80.5m、艦橋前方が戦車庫と戦車甲板。後部に高角砲と三連装機銃2基。艦首は門扉兼道板

飛んでいるため、大和がなかなか発見できなかったのであろう。

私は大島輸送隊指揮官として「指揮よ指揮（指揮官より指揮官へ）、ご武運の長久とご成功を祈る」との手旗と発光信号を大和に送らせた。すると第二艦隊司令長官・伊藤整一中将より「有難う。われ期待に応えんとす」との返信を受けた。そのときの状況を吉田満氏はその著『戦艦大和』の第一章「戦艦大和の最期」において、次のように記している。

『日本の船団に遭遇す。数隻の小輸送船団なり。何処より還りきたれるや、わが編隊のうちを縫ってすれちがう。霞む船影、疲れ果てし船脚、傷ましき彼らが労苦を想う。内地ようやく間近し、ここに辿り着くまでに払われたる犠牲やいかに。

大和に向かい発信しきたる「御成功祈る」。微笑艦橋に溢る。かの瀕死の老船団より、餞別の辞を受けんとは。直ちに返信「ワレ期待ニ背カザルベシ」。過ぎ行く船の甲板上に、われらを見送る兵の姿を見ず。日本最後の艦隊出撃に遭遇するも、なお船倉に屏息せるなり。ついに内地を目睫の間に望みし彼らが安堵のなみなみならぬを想う。暮れ行く船団を見送る。艦隊各艦の眼、眼忘我に誘うまでに生々しき絶望感。朝霜いよいよ視界外に遠ざかる……』

大和水上特攻艦隊十隻は二十ノットで南下し、大島輸送隊は十二ノットで佐世保に向け北上した。午後十二時半ごろ、南方に黒い大爆煙を認めたが、その状況はまったく不明であった。その距離は視界外の六万メートル以上あると思われた。のちに、この大爆煙は時刻から推定して、一二二一（午後十二時二十一分）以降に消息を断った駆逐艦朝霜か、あるいは一二四五（午後十二時四十五分）、爆弾と魚雷が命中して沈没した駆逐艦浜風のどちらかであろうと思われた。

四月七日深夜、五島列島の福江着。明くる四月八日早朝に出港、午前八時半、佐世保に入港した。佐世保の桟橋で午前十時ごろ、浜風艦長の前川萬衛中佐と、水雷長であり私の後任の先任将校・武田光雄大尉の二人に偶然出会った。

毛布にくるまった姿の前川艦長が「先任、やられたよ」と言われた。幸いお怪我はないようであった。逆に「先任、びっこを引いて、どうした」と聞かれた。

「ちょっと左脚に貫通銃創を受けましたが、重傷者に比べれば軽傷です」と答えた。前川艦長たちは機密保持のため、隔離収容されるということであった。

二人に別れを告げて、佐世保鎮守府の幕僚室に報告に向かった。その途中、私も二月はじめまで砲術長として乗艦していた浜風のことを想い起こしていたのである。

浜風は連合艦隊の最新鋭駆逐艦として、開戦いらい百戦錬磨の艦(ふね)であった。その浜風の勇士でさえ、こんどばかりは力およばなかった運命の綾(あや)、紙一重という生死を分かつ命運は、まさに人知の遠くおよばないところであり、何か大きな力によって操られているように思えるのであった。

そんな浜風でともに戦ってきたときの一コマが、走馬灯のように頭をかすめたのであった。

思えば昭和十九年六月二十日、サイパン周辺の海空戦「あ号作戦」で大敗したあと、蛮勇と真の勇気について教えられたこと、そして沖縄の中城湾に、速力十二ノットでようやく辿りついたときのこと。また、浜風における私の最後のご奉公となった昭和二十年一月十五日の、澎湖島馬公港のドック入渠中に敵機の襲撃を受けたときのこと。このときは、一二・七センチの主砲六門が使えないので、三連装・二連装・単装の二五ミリ機銃三十二門と一三ミリ機銃四門で応戦して、来襲した敵急降下機二十八機全機を撃墜したこと——それらがいまだに鮮明な記憶としてよみがえってくるのであった。

生死は紙一重

さて、大島における第十七号一等輸送艦上にもどる——戦いが終わり、煙幕のなかで敵機の来襲が杜絶え、戦闘も一時休止の状態になった。軍医長の井田春海少尉は、負傷者の手当にせまい艦内を縦横無尽に走りまわっていた。しかし、艦内では十分な手当もできないし、病室もない。そこで防備隊の医務室に、大発を利用して重傷者をつぎつぎに担ぎ込んだ。

一方、内務長の寺井末吉少尉は、先任将校高木美佐男大尉とともに艦の浸水を止めるのに苦労していた。しかし、夕方になって、「応急材等をいくら使っても、あちらこちらの亀裂から滲（にじ）み出て来るのは止めようがありません」と報告してきた。そこで、陸上でも使えて運搬可能な二五ミリ単装機銃をとりはずして、大発で陸揚げしたのは前に述べたとおりであるが、こんなことができたのも、山頂のあちこちで焚いてもらった煙幕のおかげである。

ひととおりの処理処置が終わってから、艦橋の横で井田軍医長に「先ほど被弾したとき、脚を棍棒のようなもので殴られたようで、釘でもあったのか、ズボンが破れて血がついている、ちょっと看てくれないか」というと、「艦長、貫通銃創ですよ」と言って、すぐ応急手当をしてくれた。

幸いにも弾片は左膝外部から入り、骨と筋の間をぬって後部から三〜四センチの肉塊をえぐりとっていたので、関節には影響がなかった。それでも歩きまわっていたのに、貫通銃創といわれたとたんに、激痛が走るような気がして歩けなくなり、急に足を引きずる始末であった。

艦橋の上の防空指揮所で、砲術長大竹中尉以下、単装機銃員ら十三名全員がやられたとき、脚を棍棒で思い切り殴られたような感じがしたのだ。それは直撃弾の爆風の煽りで、艦橋後部に積んであった応急材（応急修理に使う五〜六メートルの丸太棒と角材、十二メートルぐらいの道板等）の何かが飛んできて、脚をひっぱたいたのではないかぐらいにしか思っていなかったのに。多量の出血がなかったのは幸運といおうか、神助のたまものである。

後部三連装機銃の射手であった大場信男機銃員が、同郷で同級生であった仲のよい阿部春雄上水と、出撃直前に交代して、前方の単装機銃員となった。そのため彼は「阿部さんが戦死したのは、私の身代わりになってしまったようなものだ」とそれ以来、いまもつづけて阿部上水の老いた母親阿部ミチさんにたいして陰に陽に、自分の母親にたいするように尽くしており、毎年の慰霊祭に代理出席している敬虔な姿には、まことに深く頭の下がる思いがする。これは全生存者が戦没戦友にたいして持ちつづけている慰霊の気持を代表しているものの一つであると思う。

　また、田中外吉、庄司十郎、坂田力夫、山岸精三の四名の機関科員が、出港用意の配置の関係で、西村機関長以下の全員が直撃弾をうけて戦死したとき、危うく一命をとりとめたのも、不思議なことであり、人知のおよばない何かを感ぜざるを得ない。人事を尽くして天命を待つと一口にいうが、神のみぞ知る人の運命であるのか、宿命というべきか。

　呉軍港に在泊しているとき、生（なま）牛肉を盗み食いした第二補充兵二名を、どのように処罰すべきか、と村田先任伍長が役目がら聞いてきた。聞けば「病気になりたかった」とかで、憔悴しきっている。すぐ海兵団に送り返させたが、その後、彼らはどうなったであろうか。

　佐世保帰港後、重傷者は海軍病院に送り、一部残務整理のために舞鶴に残ったものをのぞいて、元気な者はふたたび戦場に向かった。

駆潜艇十五号キスカ湾の惨劇を語れ

米潜撃滅をめざしてアリューシャンに出撃。やって来たのは敵機の空襲

当時五駆潜隊司令・海軍少佐　三瓶寅三郎

敵主力を撃滅することが、すなわち戦勝である。そのために総力をこの一点だけに指向するのが、戦争の常道というものである。このことは潜水艦といえども、この枠内にある。

それというのも、大物をあさって海中深く潜航しながら肉薄し、一撃で敵の艦船を沈めてしまう——これが潜水艦本来の面目であった。だが、潜水艦が搭載している魚雷の数量には制限があるから、ここ一番という大事なときだけにこれを使う。このように私たちは教えられ、また、これが当時の常識となっていた。

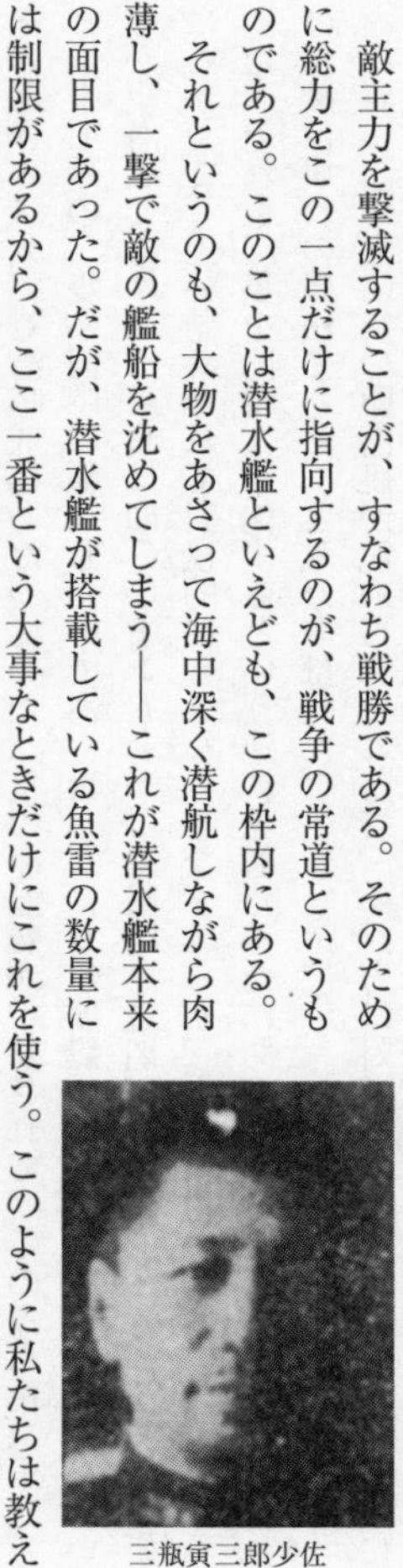
三瓶寅三郎少佐

そしていよいよ日米決戦の火蓋は切っておとされ、緒戦における日本の活躍はめざましかった。しかし、日本が当時占領していたキスカで、わが駆逐艦が敵の潜水艦からの魚雷攻撃によって痛手をうけた。相手が攻撃を仕掛ける価値のある駆逐艦なら、ありえないこともな

い。ところが、昭和十七年夏になって、小さくて、仮りに沈められても国家としては比較的打撃もすくない駆潜艇を狙い討ちするようになったが、これなどは常識はずれというほかはなかった。

それは第十三駆潜隊（第二十五号、二十六号、二十七号）が狙い討ちされた事件である。そのときキスカで対潜哨戒にあたっていた三隻の駆潜艇が雷撃されて、そのうち第二十五号と二十七号の二隻が同時に轟沈したのであった。なにしろ艦艇のなかでも、いちばん小さいのが駆潜艇であり、それらは四〇〇トンちょっとの戦時急造船である。なのに、これらの艇にむかって、追い詰められて窮鼠的にやるならうなずけるが、本式に狙い討ちをしたのであった。それも三隻を同時に撃沈するという連続発射だったにちがいない。そうなれば、これは常識はずれの戦法である、と私たちは見た。

それにしても二隻の駆潜艇が沈められたことで、わが方は対潜警戒に大穴があいたことになった。そのときは物資輸送の大事な時機であっただけに、残念でしかたがなかった。そのため第十三号、十四号、十五号の三隻の駆潜艇をもって第五駆潜隊が急きょ編成された。そして私が司令に任命されたので、大急ぎで横須賀を出港した。それは昭和十七年七月二十九日のことであった。

それからというものは十五号を司令艇として、二番艇十四号、三番艇十三号の順で、よく晴れて強い日ざかりの中を航行することになった。そしてやっとのことで湾外に出て、しばらく直進したあと変針点に達した。それは本土に平行して北上する地点である。

ここでこれまでの縦陣を、対潜掃討隊形にたてなおした。そのため、それからは第十五号駆潜艇を中央にして、両翼に十三号、十四号を配し、頭をならべて進航する横陣としたのである。この場合、各艇の間隔は二キロで、全長四キロの翼をはって黒潮に乗ったのであった。いうならば鵬翼の陣であり、これならば敵潜も威圧をうけずにはおれないだろう。そのまま千島の北端まで一千浬、アリューシャンの北側をキスカまで九〇〇浬という、合わせて一九〇〇浬の征途についた。

駆潜艇の乗員は約七十名であるが、このうちデッキの幹部は艇長をはじめ航海長、機雷長の三名であった。しかし、この三名が交替しておこなう張りつめた姿勢での長途の三直哨戒勤務は過酷であった。そのため休養をかねて釧路と占守に一泊する計画をたてたほどであった。

当時、なにしろこの三名にかぎらず、一兵にいたるまで小世帯のために駆潜艇では、乗員が一人のこらず過酷な勤務をしいられていた。しかしその反面、世帯が小さいので、艦内の人間関係はすこぶる家族的であった。親しみ、思いやり、結びつきといったものが多人数の他の艦艇にくらべて強く、こうしたなかで期せずして対潜水艦戦向きの性格が生みだされていったのである。

隠忍自重という言葉があるが、この言葉を地でゆくのが、対潜水艦戦である。なにしろ張りつめた心で血まなこになって潜水艦の姿を見張るのであるが、スキを見せたらとたんに槍先がひらめいてくる。また、運よく敵潜をうまく仕止めたつもりでも、その確認がむずかしい。捜索から敵潜をつかまえたという報告のもとに攻撃し、止めをさしたつもりがはずれるかもしれない。

このように、駆潜艇は初めから終わりまで、しつこく粘りっこい力が要求されるが、このため家族的な親和力がなければ成功がむずかしいのである。

跳梁しはじめたB17の群れ

千島列島の雪を見るころには暑さも去った。そこで占守の沖でアリューシャンに向け変針した。相変わらず士気さかんな鵬翼の陣である。そのような中にも北洋の親潮の海は暗く感じられた。太平洋で見るような黒潮のあの明るさがない。

キスカがアメリカ艦隊の猛砲撃を浴びたのが、この数日前であったらしい。しかし、私たちはそれについてくわしい情報をえていなかった。そのためにひたすら道を急いでいたが、敵の砲撃がずれて遅れていたら、と思うとほっとした。

キスカが見えた。これまで敵の攻撃にもあわず比較的平穏な航海がつづいたのであった。

そしてついに入港した。長い航海であった。

長駆の疲れをいやそうとやっと上陸して、私は着任の報告すると、そこには「もう爆撃機がくる。急いで準備をととのえよ」との命令が待っていた。そのために疲れをいやす間もなく大急ぎで錨をあげた。ちょうどそのとき、空襲警報のサイレンがけたたましく鳴りだしたので、空を見あげるとB17が小さく銀色に輝きながらこちらに向かってきた。やがて機影が

第15号駆潜艇。駆潜艇13号型で、438トン全長51m、速力16ノット、高角砲と連装機銃 各1基、水中探信儀と聴音機を有し、爆雷投射機2基と爆雷36個

大きくなったとおもうと、やにわに爆弾を投下しはじめた。

そのため落下予想地点をさけて駆潜艇は軽快に運動をはじめたが、味方の陸上砲台から届かないくらいの高々度で進入しておこなう爆撃は、身軽な駆潜艇にはなんら問題がないほど軽く爆弾をかわすことができた。こうして猛攻撃のさなかに飛び込みながら被弾する不運には見舞われなかったが、入港した早々に爆撃の洗礼にあずかったのにはいささか面喰らった。

B17はきまった時刻にくるという。このためわれわれは定期便と称していたが、いま来たのはその第一便であった。B17から爆弾が投下されるたびにとどろく響きと同時に、まず巨大な水柱が立ち、ついで陸上でも砂と火炎の大火柱がふきあがる。この様子からでは爆撃の目標は地上施設にちがいない。したがって水上に落ちるのはおこぼれで、もちろん駆潜艇のためではない。

それにしても、入港のとき、まず第一に目にうつったのが爆撃されて座礁した輸送船だった。跳びあがる鯱（しゃち）のように船体の前三分の一ほど空高く突き立てていた。たぶん駆潜艇に爆弾が命中していたなら、チリひとつ残らないで木端みじんになるであろう。

キスカは陸上部隊が主力であった。しかし、ここには水上機三機がいた。そしてわれわれ駆潜艇三隻があらたに加わった。のちになって潜水艦三隻も派遣されてきた。こうしてみると日本軍は最北端のこの戦域に、力強く立ちあがった感じであった。

キスカ島は断崖にかこまれた山の島である。このために船が利用できるのは、このキスカ港と狭い入江をへだてて並ぶ七夕湾だけであった。しかし、七夕湾は外海にあけっぱなしなので、港には適していなかった。そのため残るキスカ港は、わりあい深く湾入して、外海と境して島がある。したがって湾入した奥に桟橋が仮設され、そこから上陸するとすぐ本部があった。この本部を頂点として半円形になっているのが、キスカ港であった。

本部の真正面が外海と境をなす島であったが、この島も半円も、いちばん奥まった上陸場所以外は断崖になっていた。海上から本部にむかって右と左をきめると、正面に水上機三機、やや右寄りに駆潜艇三隻、潜水艦三隻は左に寄って岸近くに停泊した。島は右端が百メートル弱の山で、その頂上からは左に傾斜して左端は浅瀬になり、そこはいつも小波が洗っていた。

その浅瀬と半円形の岸のあいだは、潜水艦がかろうじて通れるていどの水路があり、港口は島の右端と、その向かいの半円形の端である。そこは大きな輸送船も、らくに通れるほどの幅も水深もあった。また、その半円形の端が外海にまわって断崖の海岸線となり、ほぼ直線にのびており、直線の先端は岬になってキスカ富士の麓がのびてくる。

毎日、定期便があった。だが、曇りだったら欠航かも知れないと思っていたが、運のわるいことにこのところずっと連日して晴天である。駆潜艇の三隻とも定期便の関係で港内では行動する時間と距離がかぎられているため、分散待機にした。そのため第十四号は入江のところに停泊したが、ここは狭いが三方が山で好適な避泊地である。また第十三号は港外を、対潜哨戒をかねて遊弋することにした。そして第十五号は港口の、島の断崖がちょっとへこんでいる所に身を寄せて錨をいれた。

待機とはいっても、敵の来襲にそなえて楯を持った半身のかまえであり、錨はまきあげたらすぐ海底をはなれられるよう錨鎖をたるませず一杯につめておいた。こうして第一定期便のくる前に、この隊形に分散し、そして最終便がすむとふたたび港内に集結することになった。

潜水艦撃沈の凱歌にわく

アッツの陸軍部隊がキスカ進駐にきまった。このため駆潜隊は輸送船を護衛する命令をうけてアッツに向かい、対潜警戒に従事しながら数日を待機した。なにしろアッツ港口では駆逐艦が敵の潜水艦に撃沈されたこともあったので、哨戒は厳重を要した。そのような中でも

B17が一機、連日、偵察にくるのであったが、爆弾は落とさなかった。

まもなく輸送船の護衛のために駆逐艦が一隻、来援した。そして一隻の輸送船は、四隻の護衛艦艇のもとにぶじ七夕湾について揚陸した。それからというもの駆潜艇は、ふたたび分散待機して、定期便を送迎する毎日がはじまったのであった。

そのようなある日、敵が飛行場を建設しているという報告がはいった。そのために水上機が偵察したが、場所はキスカからわずか一〇〇浬たらずの無人島で、報告どおり飛行場を造っているという。しかも明々とした照明のもとで夜間作業をおこなって、工事を急いでいるともいう。

この報告にもとづいて、水上機は夜間爆撃を実施した。一日もはやく建設中の飛行場を叩きつぶさなければ、そのうち敵機の来襲があるのを覚悟しなければならないからである。ところが、敵潜水艦の消息がないかぎりは、われわれ駆潜隊は相も変わらず分散待機である。

そのようなある日、第十五号駆潜艇はいつものように湾口で、半身にかまえた。そしてかまえ終わって、ほんのまもなくして「潜望鏡、艇首、六〇〇」と、とつぜん見張りの声が高く大きくひびいてきた。そこで待ってましたとばかりに、間髪をいれず十五号はおどり出た。錨をあげながら増速していると、後部からは早くも「爆雷投下用意よし」の知らせがあった。そのため私はただちに「投下はじめッ」の命令を下したのであった。

しばらくたったころズシンと腹にこたえる震動が起こったかとおもうと、盛りあがる波の山があちこちにできた。そののち十数個の爆雷を投下し、その長さは一キロ半ほどにもおよび、幅二百メートル、長さ一・五キロの完全撃沈の威力帯で、あの海面の様子なら、海底までつつんだのであった。

そして反転して効果の検討をはじめたとき、「油が見えます」という見張りの声がしたため、その周囲にまた数個の爆雷を投下した。それにしても大胆不敵な敵潜である。なにしろあの晴れわたった日中、小波ひとつたたない海面を、港口のそばまで近寄ってくるとは大した度胸である。しかも、たとえ半身のかまえでも駆潜艇が見えないはずがない。それとも、これまでの戦果に敵は日本軍をなめていたのかもしれない。

そう思うと、あれを見逃したなら、わが方の威は地に落ちることになると、必死に爆雷攻撃を仕掛けたのであった。攻撃がおわって三隻が集合し、帰港直前に綿密に油の状況を調べた。その結果、幅五〜六百メートル、長さ六〜七浬におよぶ油帯がひろがっていた。そしてそれから七日過ぎ、十日が過ぎても、相変わらずの油帯が光っていた。そのため第五艦隊に打った戦果確認の電報が三度にもおよんだ。そして翌日の戦闘月報の戦果にこの撃沈がのっていたということは、五艦隊で認めたのであった。

しかし敵の潜水艦を撃沈しても、その確認はなかなかむずかしいもので、なかには戦争の初期に、敵潜撃沈の報告が敵の潜水艦保有数量を上まわった、ということもある。このように、特殊な情況のほかは速断できないのが一般である。ところが今回は五艦隊が認めてくれたので、われわれは撃沈の自信を深め、これまでの敵にたいして溜飲（りゅういん）をさげたおもいだった。

だが、そのあと風雲は急をつげてきた。それというのも敵戦闘機が来はじめたのであった。

それもキスカ富士のほうから断崖ぞいに低空で突っ込んでくる。右に急旋回して潜水艦錨地の上にでると（もう潜水艦は潜航し終わっているが）掃射をはじめ、また右に急旋回して水上機の基地を猛射し（飛び立った水上機と空戦することもあった）、さらに右に旋回して、島左端の浅瀬上空を飛びさっていくのであった。島の右端にあたる港口に待機していた第十五号駆潜艇からこの様子を見れば、潜水艦は港の向こう岸である。しかも敵機の退路も向こう岸寄りであるため、掃射の様子がよく見える。

敵機からの掃射のあと海面には水ブスマが立つが、これが高さ五メートル、幅三〜四百メートルの一連の水ブスマで、岸の断崖を背景にしているため滝と見間違うほどの水ブスマであって、ものすごさをおぼえた。ところが、退去する敵機にたいして十五号駆潜艇の一三ミリ機銃が火をふくのであったが、味方の砲火を無視しているかのように、サッと来て水ブスマを立ててサッと飛び去るのであった。

敵機が去ったあと明日の戦闘にそなえて、夜を徹して整備にあたる水上機基地に頭のさがることもあった。だが、潜水艦は敵機の攻撃をさけるため夜明けとともに出港し、日没後に入港するようになった。そして、そのうち潜水艦はキスカ部隊からついに去ってしまった。しかし去ってしまった海面に、敵機は相変わらず水ブスマを立てるのであった。

いつのころからか三機あった水上機も撃墜されたり破損したのか、その姿がついに見えなくなってしまった。そのためキスカには駆潜艇だけになったが、三隻はやはり分散待機した。これとは逆に、近くに飛行場ができて、そこから飛びたつ機数が増してくると、敵は潜水艦の必要がなくなったのだろう。それ以来、われわれ駆潜艇は来襲する敵機にたいして対空戦闘いっぽうになっていた。

駆潜艇に集中した敵機の猛攻

九月にはいるとキスカの山は急に秋色が濃くなった。そのような九月二十九日、この日もよい天気で、駆潜艇はいつものとおり分散待機についていた。そして港口に錨を入れてよく晴れた空を見あげていると、気持もなごんできた。しかもキスカ富士の初雪が映えていた。そのとき、あたりの静けさをやぶって「空襲警報」のサイレンが鳴った。ただちに敵機が進入して来るとみられる方向に顔をむけると、そこにはやはり戦闘機が、低空で突っ込んできた。それらはキスカ富士のほうから突っ込んでくるのであったが、対空砲火の音が激しいさなかを、掃射を浴びせながらまっしぐらに迫ってきた。

例によって水ブスマを立てながら、右に急旋回していつも退路に入った。そして外海に出たな、と見えた瞬間、こんどはとつぜん翼をひるがえして第十五号に突っ込んできた。ものすごい勢いで艇尾から艇首へ、そして反転してまた艇首から艇尾へとぬけ、ふたたび反転して艇尾から艇首へと掃射をあびせて通りすぎた。それはまるで夕立のさなかに立ったようであった。そのつぎの瞬間、あらゆるものが撃ちぬかれたのであった。

気がついてみると、艦橋の伝令が倒れていた。私は思わずしっかりしろといったが、言いおわらぬうちにサッと血の気がひいて、蒼白な顔になってしまった。銃弾によって艦橋の窓枠がへしまがり、そのとたん飛散したガラスの粉が頬をかすめたので、ハッとして甲板にふせた。すると甲板が血に濡れていたので、手袋が血だらけになった。また、マストの肉が三分の一ほど喰いとられていたので、走って後部にいってみた。すると機雷長が下腹部に重傷を負って倒れていた。

艦が小さいだけに、少しの惨事でも惨たんたる状況にうつるのであった。そのとき「機械室に浸水します」という声が聞こえてきた。たぶん水ぎわを貫通した数個の弾孔から、海水がとびこむのであろう。そのような中で、私は死傷者の手当に右往左往し、浸水の処置にてんてこまいだった。

敵機が姿を消したころ、死傷者を収容するため陸上から大発がやってきた。この戦闘における第十五号駆潜艇の負傷は航海長以下七名か八名、戦死は機雷長以下五名であった。負傷者のなかには右の手が動かなくなった機関員が、左手をふって「大丈夫です」と元気に顔をとりつくろう姿もあった。その姿を見ていると「キャツめが」と三回もくりかえして、しつこい野郎だとばかり、敵機にたいして腹が立つやら悔しいやらで、おもわず涙がふきでてきた。

凄まじかったあの水柱は、第十五号駆潜艇の真上から、また斜め上から立てつづけに三回もあびせかけたのであった。また、上甲板だけの弾痕が百数十と報告してきた。それは機械室の左舷から右舷に突きぬけたものもあり、居住室の中まで荒らしたのもあった。弾痕数が百数十だけにしても、各戦闘配置ごとに二発以上をみまったことになる。それにしても水ブスマを三回も重複され、ともかく、よくもこれだけで終わったものである。

いまや敵は水中にあらず

こうして九月二十九日の第十五号を皮切りにして、それいらい敵機は駆潜艇をマトにした。おもえば七月二十九日、横須賀を出港してからまる二ヵ月である。鵬翼の陣を張って、敵潜水艦撃滅のホゾをかため、踏破した一九〇〇浬であったのに、いまでは敵は水中にあらずして空中になった。

一三ミリ連装機銃一、八センチ高角砲一、それに小銃だけが駆潜艇の対空兵器のすべてである。だが、敵の戦闘機にたいしては機銃以外は使いものにならないのであった。

それからしばらくたったある日、湾外を遊弋中であった第十三号駆潜艇が、襲いくる敵機と交戦した。このとき艇長は右眼に銃撃をうけて重傷をおって、病舎に収容された。夜になって勤務をおえた私は病舎へ見舞にいったが、艇長の白々として大きい眼帯を見たとたん、ことばもでず私は眼帯を見つめるだけだった。こうして十三号は、艇長がいなくなった。

また、分散して入江にいた第十四号駆潜艇であるが、そこは三方が山にかこまれていたので敵には見えにくかった。そこでそれをよいことにして、入江の上空を飛び去る敵機にたいして、十四号は不意討ちをくらわしていた。そのため十四号の艇長は得意気であった。

ところが、日没も近づき、本日の空戦も終了したと見て帰投するため十四号は入江をでた。そして帰港の針路に定針したそのとき、正面から敵機が飛んできた。まさに鉢合わせであった。その結果、銃撃をあびて、艇長と航海長は胸部を貫通されて同時に即死した。そのあとは機雷長が操船して入港した。

だが投錨した位置がわるく、これを直すために、私は十五号の短艇で十四号にいった。そして十四号に乗り移ったとたん空襲警報のサイレンが鳴ったため、私は急いで士官室に下りた。その時とつぜん大きな音響とともに艇がグラリとゆれ、外は水しぶきで一杯になり、室内はストーブがたおれ器物が飛散した。しばらくたったころ騒動がおわったので錨を入れなおし、十五号に帰ったのである。

だが帰ったとたん、「司令、やられたと思いましたよ」と私の顔を見て乗員たちがいった。それもそのはずで、第十四号駆潜艇が水柱のなかに見えなくなり、みんなは直撃をうけたように見えたという。しかし、しばらくして水柱がさがってくると、十四号がボーッと姿をあらわしてきたので、ヤレヤレと胸を撫でおろしたという。

その日は、たまたま石炭輸送船が入港していて、これを狙って奇襲したのだった。これはいうならば時間外である。それもサッと進入して低空できたとおもった瞬間、ここはとおぼしきところに爆弾を投下して飛び去った。だが、その爆弾はさいわい輸送船をそれて、すぐその前の第十四号駆潜艇をはさんで水柱が立ったのであった。

これによって船はあるが、幹部がいなくなってしまった。なにしろ幹部の総員九名のうち、艇にいられるのは四名だけで、それらは十五号は艇長だけ、十四号にいたっては機雷長だけ、十三号は航海長と機雷長の二人の合計四名であった。だが、艇長なき艇は戦闘行動ができないので、腕をこまねいているよりほかに方法はなかった。

しかし、事ここにいたらせたのは司令である私の責任であると考えた。そこで私は『第五駆潜隊キスカに全滅す』というお別れの意味をもふくめて、指揮官としての無能をわびる電報を五艦隊長官にうった。しかし、その日の深夜、いや翌日になっていたかもしれないが、五艦隊から「第五駆潜隊は幌筵に待機すべし」との電報があった。すなわち千島の北端までさがれというのである。

幌筵はキスカから九〇〇浬はなれていて、二晩三日の航海である。そのため艇長がいなくなった二番艇には軍医長を航海当直に立たせることにして、機雷長と二人の二直交代にした。それでもとにかく辿りついた。そこにはアッツに陸軍部隊輸送のため、五艦隊が集結していた。そして第十三号、第十四号の新艇長が着任して、陣容もあらたに対潜警戒にあたったが、北洋の冬の気象は駆潜艇の大敵であった。

あるとき第十三号駆潜艇が横須賀への帰投を命ぜられた。そしてまた、夜間哨戒中、第十五号と十四号が風雪のなかで接触事故を起こしたため、第十五号、十四号も横須賀帰投を命ぜられた。こうして十一月十四日、われわれは幌筵を発ったのであるが、その帰途、台風に突っこみ、第十五号駆潜艇は舵翼をもぎとられ、サルベージのやっかいになった。そして、鵬が毛をむしられたスズメのようになりながら、やっと母港に帰ったのであった。

掃海艇二十一号ラバウル大空襲に死なず

犠牲を強いられながら再度の地獄の戦場から生還した歴戦艇の死闘

当時二十一号掃海艇長・海軍少佐　森安　栄

米軍がガダルカナル島に上陸した直前より、ラバウルを基地として約九ヵ月ほど、ソロモン群島方面において船団護衛、前進基地の設置、その撤収などの任務をはたしたのち、内地に帰還したわが第二十一号掃海艇は、朝鮮半島の南西海面にあって潜水艦掃討作戦に従事していた。そんな昭和十八年十月、軍令部より次の緊急電報を受信した。

「第二十一号掃海艇は呉に寄港し、掃海具をつみ至急ラバウルに進出すべし」

小さな軍艦である掃海艇にたいし軍令部より直接の命令があるということは、重大な、しかも特殊な任務であろうことはすぐに想像できた。私たちの乗る掃海艇は、すぐさま呉軍港へむけて帰航の途につき、呉到着後、ただちに鎮守府に出頭した。

ここで航空参謀より伝えられたことは、ラバウル周辺のわが艦船泊地に磁気機雷が投下されたという。そして現在、呉工廠において磁気機雷用の掃海具をつくっているから、それをもってラバウル周辺の掃海にあたるように、ということであった。

磁気機雷は第二次大戦におけるヨーロッパの戦いで、ドイツ空軍がイギリスの海上交通を封鎖する目的で使用したのが最初で、太平洋戦争では、これが初めての登場であった。

内地よりラバウルまでの航程は三千浬、掃海艇の航続力では途中で燃料の補給を必要とした。このころには、すでに日本よりラバウルにいたる間は、敵の潜水艦があらゆる海面に出没しており、安全を保障されるような海面はまったくなかった。それでも、補給地点をトラック島とさだめ、掃海具を積みこんで呉軍港を出港したのは、秋も深まりはじめた十月下旬であった。

山々を染める紅葉に見送られて瀬戸内海の静かな海をあとに、豊後水道を南下して太平洋にでた。そこにはもう、敵の潜水艦がいたるところに潜伏している。不意の衝撃にそなえて対潜見張りを強化し、もし敵潜水艦に遭遇すれば、ただちにこれを撃沈する決意をもって、目的地への最短コースをとることにした。内地で乗艦した一部の者をのぞいては、艇も大部分の将兵も激戦を何度もへてきた強者ばかりで、潜水艦や航空機にたいしては十分に経験をもっていた。

われわれはマリアナ群島の一小島を望見したのみで、敵と戦うことなくトラック島に入港した。北緯七度半に位置する環礁の泊地は、まだわが中部太平洋における大基地の風貌をしめしていた。しかし、ここからさらに南にくだれば、強力な敵の待ちかまえるところとなるのだ。燃料を最大限に積載した第二十一号掃海艇は、またもラバウルにむけ出港した。

しばらくして、われわれは赤道をこえた。これからは敵機に遭遇することが予想されるので、艦橋や機銃座など上空にむきだしとなっている重要な個所には、防弾用のハンモックをめぐらし、被弾時の被害をなくするように準備した。いつ終わるとも知れない南半球での任務が、いよいよはじまるのだ。艇も乗組の全員も、ともに無傷のまま、この赤道を北にこえるのは不可能に近いことを心の奥にとめて、ラバウルに入港したのは十一月初旬であった。

うらぶれた南方最大の基地

半年前、この地をあとにした時にくらべて、ラバウルの様相は一変していた。一〇〇隻をこえる大型艦船がひしめいていたラバウル湾には、いま大型船といえば海軍の特務艦が一隻、遠くの島かげに見えるのみであった。われわれが入港するとすぐに、グラマン約三十機が歓迎の意を表しに襲ってきた。その名も高いラバウル航空隊は、ただちにこれを迎え討ち、熾烈な空中戦が展開された。ラバウル湾は、いまやもう艦船の停泊すべき安全な港ではなかったのだ。

南東方面艦隊の司令部に着任の挨拶をすませたわれわれは、ニューアイルランド島カビエン泊地にばらまかれた磁気機雷の掃海をおこなうよう指令をうけた。そこは、この方面においてラバウルにつぐ良好な泊地であるが、米軍機によって磁気機雷が投下され、艦船の被害が相ついでおり、なかば封鎖されているのと同じ状態であった。航海参謀より磁気機雷に関する秘密書類をうけとり、海路約一〇〇浬後方のカビエンに向かうことになった。水平線の彼方にしずみゆくラバウルの陸影をながめるうちに、ここも遠からず激戦場となるのだろうと思った。

出港は夜だった。昼夜の別なく空と海よりの脅威にさらされているこの海域での艦艇は、つねに緊張の連続である。敵の潜水艦は、ラバウル湾口まであらわれはじめていた。総員配置について、対潜見張りを厳重にしつつカビエンに向かった。暗夜の上空にきこえる爆音は、敵の哨戒機であろう。艇は磁気機雷回避の電流を流して、翌朝、カビエンに入港した。

上陸後さっそく、同地にある第十四根拠地隊司令部で掃海海面の打ち合わせをおこなった。本艇に搭載されている掃海具は対艦式であるため、僚艇の来着を待たねばならなかった。その間、いつでも掃海をはじめられるように準備をととのえて待機した。

やがて僚艇の第二十二号掃海艇が入港、ただちに掃海作業がはじめられた。磁気機雷の掃海方法は船体に巻いてある電纜（でんらん）に電流を通じ、垂直磁力線をうち消して自艦の安全をはかり、艦尾より電纜を流して、海底に敷設されている磁気機雷に垂直磁力線を働かせ、爆発処分するようになっていた。

感応した機雷は、轟然たる音響を発して爆発した。この爆発によって電纜を適度の水深に保つための浮標が変形したり、破損したりした。また、電纜自体も損傷をうけることがあった。これらを収容修理してやり直すのだが、じつに骨の折れる任務であった。

毎日がこれの連続である。初期のものは、一回磁気を感ずれば爆発するようになっていたが、そうとばかりはいかないものもあった。そのため、普通機雷のように一回の掃海だけでよいということにはならない。広い海面を毎日くり返しておこなった。われわれの地味な努

ラバウル湾内の第19号型掃海艇で、第８根拠地隊所属の20号か21号掃海艇と推定される。21号は昭和17年６月末竣工、７月19日にはラバウルへ進出、船団護衛に従事した

力によって、磁気機雷はつぎつぎに処分されていったが、掃海中に敵の哨戒爆撃機が連日のようにあらわれて、われわれをおびやかしていた。

ラバウル大空襲

この方面における敵の反攻は、ますます激しくなってきた。ソロモン群島のほとんどの島に敵は上陸しており、北部中部ソロモンの島々には、日米両軍がいり乱れての激闘がくりひろげられていた。そして、ついにニューアイルランド島のすぐ東に位置するグリーン島にも、敵は上陸を開始した。そこはもうラバウルと目と鼻の先だ。敗色の濃い日本軍には、もう一歩も引くことはできない。わが巡洋艦隊の護衛のもとに、陸兵がこの地に急送されていった。

敵はこれを諜知したのであろう、昭和十八年十二月二十四日のクリスマスイブの日、戦爆連合の大編隊がおそいかかってきた。その日の空は青く晴れて一点の雲もなく、朝から南海の太陽は強烈な光を投げつけていた。朝食をおえた私は、デッキに出て空と海を見渡した。そのとき、北東の空にピカッと光るものが見えた。

と同時に、当直の見張員より「敵味方不明飛行機」との声があった。はるかな空をおおう黒点は、ときどき太陽光線をうけて白く反射した。それらの大群が、敵の艦上機であることは一目でわかった。腹の底にズシリと重く何かを感じた。

「総員配置につけ、対空戦闘！」

敵機の群れは、いよいよ近づいてきた。錨をあげる時間の余裕はない。しかたなく錨鎖を切断して、自由の身となった。

「敵機との距離八千メートル。射ち方はじめ」私は大声で命令した。装備する一二センチ砲と機銃は、一斉に敵機めがけて火を噴きはじめた。機関科、主計科の兵員でも、余裕のあるものにはすべての小銃をもたせ、敵機にたいして有効なる火砲の全力をあげて応戦した。

大型艦船といえば、われわれの掃海艇二隻と特設輸送艦一隻、それに磁気機雷によって湾内に沈没していたのを浮上させたばかりの輸送船一隻の四隻のみであった。これにたいして敵機群は、入れかわり立ちかわり銃爆撃をくわえてきた。

爆弾は艦の四周に降りそそいだが、奇跡的にも命中弾はまだうけていない。雨アラレのような機銃掃射の一発が、二連装機銃に命中して銃尾を破壊され、使用不能となってしまった。低空でおそいかかる敵機にたいして、もっとも有効な機銃をうばわれたが、三門の一二センチ砲は、なおも火を噴きつづけている。しかし、敵の機銃掃射は、さらに一番砲側の装薬に命中し、一番砲は大火災につつまれた。砲員は勇敢にも火のついた装薬を、全身に火傷を負いながらも海中に投棄し、艇全体に火のまわるのを防ぎとめた。どうにか火災はとまったが、一番砲は使用不能になってしまった。

敵機の機銃掃射は執拗にくり返され、艦橋にも集中された。その一弾は、私のうしろで舵をにぎっていた操舵員長の腹部を貫いた。倒れた戦友に「敵機はすぐ退散するぞ。しっかりしろ」と声をかけた。しかし彼は、弱々しいまなざしで私の顔を見て「艇長の頭からも血が流れています」といって、そのまま息を引きとった。

三番砲は、砲側に運ばれてきた弾丸をすべて射ちつくしていた。いまなお敢然と射撃をつづけているのは、二番砲一門だけだった。

そのとき、陸岸の椰子(やし)の葉かげよりあらわれた超低空の敵機は、わが艇の左舷前方七〜八十メートルに一弾を落とし、それは魚雷のように海面を泳いできて、左舷艦橋前の舷側にあたって爆発した。舷側はうち破られ、艦首はしだいに沈下しはじめた。

このままでは、沈没はまぬがれない。そこで、近くの海岸に擱坐することに決意した。そのころにはもう敵機はほとんど去っていたが、甲板の各所に戦死した艇員が横たわっている。上甲板にいた兵のほとんどが傷ついていた。

もよりの陸岸に艇首を乗り上げて、どうにか沈没をふせげたのは不幸中のさいわいだった。あとになって調べてみると、艇の前半は完全に浸水し、艦橋下の第一罐室はなかば浸水、第二罐室と機械室は健在であった。この状態ならば、どうにか沈没はまぬがれることができそうだった。戦傷者は、重症者から先に陸上の病院に送るようにしたが、健在な者は約半数しかいなかった。戦死者は士官室に収容したが、その室も亀裂がはしり、そこから海水が見えるほどに破壊されていた。

われわれの血で染まった甲板は、さっそく水洗いした。そこへ衛生兵がきて「艇長、包帯をしましょう」という。私の眉間からしたたり落ちる血は、洗ったばかりのデッキに赤いシミを残していた。そのころになって急に痛みを覚えたが、そんなことにかまってはいられなかった。

調査の結果、被害は予想以上に大きかった。外板をうち破られたため、艇の前半の水線上の区画は浸水により浮力は半減、機械室は機銃弾の貫通した個所があったが、主機械には異状がなかった。罐室は第一罐室が浸水のため使用不能になったが、第二罐室はまだつかえる状態であった。通信機は被爆により艇の二重底よりふき上がった重油にまみれ、なかの真空管は爆撃の震動によってほとんど破壊されており、遠距離通信は不能になっていた。

また、船底が破壊されたため、潜水艦探知用の探信儀はまったく使用不能、二連装二五ミリ機銃は破壊された。航海計器も、大部分が使用にたえられない状態となっていた。爆薬や糧食も、多量に喪失した。艇は航行不能におちいったとはいえ、なお一二センチ砲二門と爆雷は投射できた。いつまた敵機が来襲するかも知れぬため、使用可能の兵器はすべて、その整備をいそがせた。

浸水した艇を航行可能に

その夜、乗組員一同で今はなき戦友にたいし、形ばかりの葬式をおこなった。もちろん僧侶はいない。寺院で育ったという兵に、代用を勤めてもらった。

艇は修理がおわるまで、動くことができない。くそ度胸をきめて、その夜はぐっすり眠ることにした。明ければ今日も、南海の空は清くすみ、強烈な光を投げかけていた。昨日までは熾烈な戦場でともに戦ってきたが、今日は幽明境を異にした戦友を葬らねばならない。

第十四根拠地隊司令部との話し合いの結果、カビエンの近くにある椰子林のなかの空地に、彼らを埋葬することになった。毛布におおわれた遺体は、戦友の手によって艇から大発にうつされ、全乗組員に見送られて艇をはなれた。数名の部下とともに、私も埋葬地にむかった。指定の場所で火葬に付し、骨を埋めてその上に木の墓標を立てた。私は野辺の草花をそなえ香をたいて、今は亡き戦友の冥福を静かに祈った。

損傷した艇を修理できる施設は、この方面にはどこにもないため、艇を航行できるようにするには、乗組員の手で最善をつくすよりほかに方法はなかった。浸水している第一罐室に浮力がつけば、航行可能の状態になると判断した。浸水状態になった原因からみれば、前面の隔壁は完全に破壊されているものではないと思われた。これを補強すれば、たぶん持ちこたえられるであろう。

さらに幸運なことには、この地には救難艇が一隻残っているという。差しむけられた救難艇の排水ポンプを利用して排水をおこない、隔壁を補強した。航行中はこの前面の隔壁に直接、外からの水圧がくわわるから、多少の漏水はやむをえないところだ。大穴のあいた左舷には、水線まで鉄板をおろし、すこしでも外波の抵抗を弱めるようにした。艇の吃水をできるかぎり平行に近づけるため、艇の前部にある移動可能の物品は、すべて後部に移動させた。

これによって、ついに艇首はふたたび浮上した。吃水に関しては、想定した状態となったのだ。この状態になるまでは、数日間を要した。試運転を行なってみると、湾内では十二ノットていどの速力で航行が可能であった。しかし外海では波浪の状態によって減速し、八ノットくらいは出せるであろうと判断した。

第一罐室に漏水があるだろうが、これは機械室のビルジポンプでつねに排水することにした。僚艇もすでにいない。もう磁気機雷の掃海をおこなうことはできないのだ。敵機の襲撃を避けるため、艇を樹木のおいしげっている島かげにうつした。密林の中から、艇員たちは椰子の葉をはじめ、他の熱帯樹を伐採してマストや艦橋に固縛し、上空より遮蔽して艇の発見されることをふせいだ。

内地帰還の命あれど

数日ののち、「第二十一号掃海艇を舞鶴部隊に編入す」との電令に接した。

ここから内地に向かうにあたって、もっとも近い味方の基地はトラック島である。距離は六五〇浬。現在のこっている燃料は、やっと行きつくことのできる量であった。カビエンの司令部に補給を要請したが、機関参謀の答えは、第十四根拠地隊の保有する燃料は一号重油が三十トンあるのみで、石炭は一トンもないという。

「これを供給すれば、陸上の発電機はすべて止まってしまう。夜間に敵機がきても、照射ができなくなる。君の艇に余裕があれば、一トンでも置いていってもらいたいくらいだ。次に補給船がくる目あてもない。君の艇にある燃料の代用となるものは、机でも椅子でも何でも燃やしていけよ。ここにいても、いつかはやられる。できるだけ早く出港した方がよかろう」という、なんとも頼りないものだった。

この地をはなれる前に、戦死者を葬った地を訪れることにした。われわれが去れば、誰も訪れてくれる人はないであろう。南溟の地に散った亡き戦友の墓標の前にぬかずいて、われわれはその冥福を祈った。線香の煙は、風のない灼熱の大気のなかに、ゆらゆらとのぼって吸いこまれていった。もうこれで、永久に会うことはないであろう。

出港用意の号令とともに、ラッパはひさしぶりに力強く響きわたった。錨を揚げて、一路トラック島にむかった。八ノットていどの速力には耐えられるであろうが、それ以上は罐室前の隔壁が心配である。

出港の日とその翌日は、敵機に遭遇する公算が大きい。敵潜水艦は本艇の航路にあたる海面に潜在していることは、各種の情報が伝えていた。出港後、早くも敵の哨戒機を認めた。

その哨戒機は、機首をわが艇にむけると爆撃にきた。十二ノットに増速して一番砲を発射し、大転舵した。敵機はどうにか撃退したが、左舷水線までおろしていた鉄板は、ポロリと波にもぎとられてしまった。やはり前途は容易でなさそうだ。

減速して航行をつづけたが、罐室の前面にかかる水圧は強くなり、第一罐室には海水が浸水するようになった。そのため、機械室のビルジポンプでたえず排水する必要が生じた。この状態では、敵機がおそってきても、増速はあきらめなければならないが、この付近の海面

第21号と同じ19号型掃海艇。648トン、全長72.5m、速力20ノット。艇尾と後檣脇に各2基の掃海索展張器を装備。12cm砲3基、後檣前に連装機銃、爆雷36個。2番砲前と艦橋に測距儀。第21号は19年後半3番砲を撤去し、機銃と22号電探を装備

は、まだ風波がおだやかなのが救いだった。

対空、対潜見張りを厳重にして、敵より早く攻撃態勢をととのえることが、何よりも大切なのだ。艇員はみな、自分の任務に最善をつくしていた。翌日も敵の機影を南方に認めたが、こちらには向かってこなかった。北に進むにつれて、風力はしだいに強くなってきた。艇は大破されているため、左右の鉄量の配置はきわめて不均衡になっていた。艦橋の磁気羅針儀は針路によってははなはだしい誤差が生じた。これは日出没の方位および時間と、太陽の位置によって針路は判定することができた。夜間は北極星はまだ見えないが、その方向をしめす大熊座の柄杓(ひしゃく)の形をした北斗七星の位置によって、だいたいの北はわかる。風はスコールのとき以外、一定の方向より吹いており、船乗りとしての過去の経験より割り出して、大差ない方位は知ることができた。

からくもトラック帰着

二日目の午後、赤道をこえて北半球にはいった。敵機にたいする心配はなくなったが、これより先は、敵の潜水艦より先に相手を発見することと、船体にたいする配慮が重要になってきた。

北半球は冬の季節だ。北に進むにしたがって、風力は増してきた。左舷に大穴があいているので、これを真正面に風にさらすと、艇があぶなくなる。そのため、のぞむ針路に走れないこともたびたびあった。やがて機関室より第一罐室の浸水量が、ポンプの排水能力以上にない。

増えつづけていると報告されてきた。さらに減速し、左舷を風下にしてから、私もメインデッキにおりて浸水個所の状況をたしかめた。この罐室に浸水すれば、艇は沈没するかも知れない。

苦悩はつのるが、心配顔をしてはならない。艇長の顔色を、兵らはつねに見ているからだ。士気に影響をあたえることになる。浸水量は、さほど増加しているようには見えなかった。いまここでビルジポンプが止まったら、最悪の状態になることはわかりきっていた。機関部員は最善の注意をはらって、任務に万全を期している。

しばらくの間は、この速力で航行したが、あまりに低速だと、燃料消費と航続距離との関係は悪化する。艦内にある木製部分、デッキのリノリュウムなど、代用となるものの燃料転用の用意を先任将校に命じた。

赤道を越えてからまる二昼夜は、この状態で走りつづけていた。天候も曇りがちで雨をまじえ、太陽は姿をあらわさなかった。しかしこれは反面、敵潜水艦にも発見されるチャンスが減少するから、かえって幸いだったのかも知れない。天測ができないので、たしかな艦位ではないが、推測で位置はだいたいわかっていた。

やがて天候は回復し、速力も出せるようになった。南海の太陽は強烈な光を投げかけ、空は青く、紺青の海は無限にひろがって、視界は良好になった。この海域は、トラック島に出入りする艦船の航路にあたり、敵潜水艦がさかんに出没しているところであった。

燃料も残り少なくなったが、あと一昼夜はもつだろう。だが、燃料を使いはたして航行できなくなれば、この付近に蝟集する敵潜水艦の餌食になるだけであった。通信機を破壊されている現状では、基地に通信もできなかった。

明くれば今日も快晴、午前中に島を発見できることを確信しつつ航海をつづけた。前方の水平線の彼方に、四周よりは少しかわった空模様が見えた。島が見えることを心に念じていると、正午前に陸影らしきものを発見した。航走するにしたがって、その姿ははっきりとしてきた。トラック島だ。これで、まだこれからも戦わねばならぬ将兵と艇を持ち帰ることができたのだ。

島を見つけたときは、じつにホッとした。私の一生のなかで、これほど安心した瞬間はなかった。トラック島の外側をとりまく環礁も見えた。南水道を通過して、トラック島の春島の錨地に錨をおろしたときの燃料保有量は、重油ゼロ、石炭一トン、これは一時間の航行距離にひとしい量でしかなかった。

水雷艇「鵯」軍医長ラバウル戦線奮闘記

レーダー射撃が恐くて護衛ができるか。人艦一如ひよどり一家の殴り込み

当時「鵯」軍医長・海軍軍医中尉　渡辺哲夫

昭和十七年十一月に入って、暑かった香港にも、ようやく秋が訪れようとしている頃であった。私あてに一通の電報が届き、状況は急変した。『水雷艇鵯乗組を命ず』つまり最前線への出動命令である。その晩、病院勤務の山岡三郎軍医大尉が寿司屋で送別会をひらいてくれた。

その翌日の早朝、私を乗せた内火艇は岸壁をはなれた。対岸にある九龍の啓徳飛行場へ向かうのである。先任下士の「帽振れ！」の号令で、医務科員一同と別れを惜しむ。海軍では別れのとき、必ず帽子をとって振るのがならわしであった。医務科員は、みな私よりずっと年上の応召の衛生下士官であったが、若い私を立てて実によくやってくれた。香港に残したいろいろな思い出が脳裏に去来し、万感胸に迫るものがあった。

「帽振れ」は、いつまでもつづく。さらば香港島、もうふたたび訪れることはないであろう。内火艇はしだいに沖に向かっていく。香港島がしだいにボーッと霞んで、ついに見えなくな

ってしまった。

啓徳飛行場を飛びたった飛行機は台北どまりで、ここで内地便を待つことになった。しかし、疲労が蓄積していたのか、不覚にも発熱した。宿の女中さんが心配して、開業の先生をつれてきた。二、三日で熱はさがったが、内地ゆきの飛行機はなかなか飛ばなかった。そこで、宿の主人から「北投温泉でも行って静養してきたら」といわれ、おなじく内地便待ちの技術大尉と二人で出かけた。

北投温泉ちかく、淡水の町はずれの女学校で、ちょうど運動会がおこなわれていたので見物していると、立派（?）な海軍士官が二名いるというわけで、「どうぞどうぞ」といって来賓席へ連れてゆかれた。有難いやら迷惑やらであったが、当時の人々の海軍にたいする信頼感は大変なものであった。

北投温泉で静養し、体力が回復すると内地へ飛んだ。そして横須賀より空母大鷹（たいよう）（春日丸改装）に便乗してラバウルに向かった。大鷹のガンルームでは兵学校出の士官、また大学・高等専門学校出の予備士官連中と一緒で、気合いの入らなかった香港時代とはちょっと違った海軍の一端を味わった。

ラバウル近くになると、予備士官たちは零戦に搭乗し、小さな甲板を滑走、水面スレスレまでさがって一瞬ヒヤッとさせられたが、ふたたび上昇、みごとな編隊をくんで飛び去った。それを見て、いよいよ第一線にきたなという実感がわいてきた。初めて見るラバウル港は艦船であふれ、空にはたえず日本機があった。

敵機の弾片わが下顎を打つ

十一月二十一日、水雷艇の鵯に着任した。八四〇トンの小さくてスマートな鵯は、もともと小艦艇乗組希望であった私にはピッタリであった。一二センチ砲三門、魚雷発射管三連装一基、針ネズミのような多数の機銃を見て、香港でたるみきっていた心は引きしまり、はためく軍艦旗に心はおどった。

〝月月火水木金金〟で鍛えぬいた下士官兵は、いかにも頼もしい。鵯は出撃直前であり、根津一夫軍医大尉とあわただしく交代する。そして同日の夕刻、鵯は鴻とともに東部ニューギニアのラエに向けて出航した。甲板には食糧の入ったドラム缶が多数積んであった。ラエの八十二警備隊医務科には中山喜弘軍医中尉がおり、鵯の入港を待っていたという。なお、ここで付けくわえさせていただくなら、一年後に、私自身この八十二警付となり、ニューギニアに渡ることになるのである。なんという運命のめぐり合わせであろう。

ともあれ、明くる日は早朝から、雲間に敵機がチラリチラリと触接してきた。一二センチ砲が火を噴いたが、もちろん落ちない。午後になると四発大型機編隊の来襲があった。「配置につけ」の号令とともに、空対海の喰うか喰われるかの一戦がはじまった。

これが、私にとっての初陣であった。私が艇のなかに入らず、甲板上にいるのを見て、「軍医長、見ていて下さい。やります、墜としますす」と叫ぶ水兵たちの顔は紅潮し、艦橋では艇長の大きな声がひびいた。

敵機が落とす二五〇キロ爆弾が、あとからあとからシュルシュルと不気味な音をたてて、こちらに向かってくる。敵機が落とすと同時に、水雷艇は三十ノットの全速で回避する。この数秒間で運命は決する。日本海海戦の絵で見たことのある大きな水柱があちこちに立って、周囲はまったく見えなくなった。鴻も水柱につつまれているが、それが消えると、依然として白波をけたてて航行している。しかし、艇から煙があがっていた。「ワレ被弾、ラバウルニ引キ返ス」との信号がきた。

大型爆撃機十二機と鵯一隻との死闘となった。爆弾のあとから、ザーッと機銃弾の雨だ。俺は死ぬ。同期では第一号の戦死か――といった思いが一瞬、胸をよぎったが、意外と落ちついており心は平静であった。と、突然、顔をバットで殴られた感じがして、よろめいた。そばにいた主計少尉が抱きかかえてくれた。

「あっ、軍医長の顎が裂けている。衛生兵ッ」主計少尉は、短くそう叫んで衛生兵を呼んだ。バットで殴られたような激痛は、至近弾の弾片が下顎に命中していたのである。衛生兵が圧迫包帯をぐるぐると巻いてくれた。

そのうち「やった、やったッ」という水兵らの叫びに気づいてみれば、B17が一機、まさに落ちていくところであった。白いパラシュートがパッとふたつ開いた。鵯は、それっとばかり波を駆って、泳いでいる敵兵ひとりを救いあげた。見ると若い豪州兵であった。包帯で目だけだしている私をチラリと見やり、目をそらした。胸ポケットを探ると、「Position of two Destroyers」と記した紙片が見つかった。彼は通信兼機銃手であった。

鵯のジュラルミン製の艦橋は穴だらけになり、舷側のうすい外板は、爆弾破片でこぶし大の穴があいた。しかし、とにかく食糧と便乗陸兵数名を東部ニューギニアのラエにとどける任務を果たして、ただちに帰路についた。艇長は左記の電報を、ラバウルの第八根拠地隊司令部に打電した。

「鵯八二十三日一五四〇ラエ沖ニテ敵大型機一二機ト交戦　一機ヲ撃墜　捕虜一ヲトラエタリ　ワレ　戦闘航海ニサシツカエナキモ　軍医長負傷　手配タノム」

私は着任早々に強烈なるパンチをくって興奮していた。それは傷の痛みもあって眠れず、部屋から出た。高速航行のため、夜光虫が波のしぶきとともに甲板に散った。ボートのかげに先ほどの捕虜が縛りつけられており、寒さのため震えていた。そのとき航海長がちょうど天測をしていた。航海長は私の姿を見とどけると、「あれが南十字星ですよ」と指さした。それ以来、このサウザンクロス（南十字星）は私にとって生涯忘れられないものとなっている。

鵯がラバウルへ入港するとすぐに、私は海軍病院に入院し、手術をうけた。幸い経過は良好だったので、抜糸をしないままふたたび艇に帰った。鵯の乗組員は、艇長以下士官十名、下士官兵一〇〇名で、士官室には海兵出身者はおらず、商船学校出身の予備士官と、兵あがりの特務士官、それに短期現役の軍医、そして高専出の主計少尉からなっていた。序列からいくと、軍医中尉の私が艇長のつぎで、その点では気楽なものであった。

小さなフネなので、檻の中の熊のように歩きまわっても、どうしても運動不足になった。

入港すればすぐ上陸して、ラバウルの町はもとより、飛行場、ココポの方までも行軍して、もっぱら体を鍛えた。そのために兵科と機関科で野球の試合をした思い出もある。また、近くの島に豪州軍のスパイがいるらしいとのことで、探検にいったところ、教会にドイツ人宣教師がおり、私のドイツ語がさっそく役立って歓迎され、面目をほどこしたこともあった。

そのころ、航空要塞ともいうべきラバウルの防禦は強固であり、昼間の空襲はなかったが、ひとたび港外にでると、たちまち潜水艦の襲撃と飛行機の来襲である。戦闘がないときは、私はもっぱらメルボルン放送を聞いていた。水兵たちはほとんど病気にならなかった。

昭和十七年の大晦日は、パラオ島入港、コロール島の旅館で昭和十八年の元旦をむかえた。パラオでの三日間は水雷艇乗組の間で、いちばんのんびりと過ごせたときであった。その後、ふたたびラバウルにもどり、船団護衛に従事する。

爆雷で屠った敵潜水艦

南太平洋の海は青く澄み、まったく油を流したようになめらかで、飛魚がスイスイと飛び、椰子(やし)の木のしげる島々があちこちに見られた。私は主砲のかげで水兵と話をしたり、艦橋にのぼって豪胆そのものの艇長の指揮ぶりを見ていた。

水雷艇鵯(ひよどり)は指揮官から一兵にいたるまで、まったくひとつの心となって動いていた。このことが後年、私の人生に非常に影響をもたらしたことは確かである。鵯は、船団のあとになり先になって護衛する。掃海艇か駆潜艇が一、二隻行動を共にしていた。戦闘はたいてい夕刻ちかく、突然おこった。鏡のような海はたちまち狂乱怒濤となり、輸送船はのたうちまわった。

昭和十八年一月十五日、鵯は船団を護衛しながらコロンバンガラ島へむけて航行していた。ちょうど午後三時ごろ、突如として戦爆連合三十八機の強襲をうけたが、これに応戦してじつに五機を撃墜した。このとき、零戦三機が敵大編隊の真っ只中に突入して一機を撃墜したが、衆寡敵せず二機が自爆した。そのうちの搭乗員一名を救助したが、見ると全身を火傷しており送院した。

一月三十日、鵯および駆潜艇は、第八連合陸戦隊（大田部隊）輸送に従事した。零式観測機二機は対潜警戒もかねて、空にあった。午後四時ごろ、雲間より突如として艦爆、艦攻十七機の攻撃をうけた。水上機は二機とも目前で無念にも撃墜され、輸送船第二東亜丸も被弾した。私もいよいよこれまでと士官室にもどったが、「隼がきたぞ」というだれかの叫び声で甲板に出た。

見ると四機の隼戦闘機が、敢然と

鴻型水雷艇２番艇・鵯の12cm一番主砲前の渡辺軍医長。艦橋上に３ｍ測距儀

して敵大編隊のなかへ突っ込んでいった。そしてみごとに四機を撃墜し、船団上空をバンクして帰ってゆく。私は思わず、陸戦隊の大田部隊軍医長の小林一郎医少佐の手をしっかりと握りしめた。

二月十六日、ラバウルを出航して間もなく、「配置につけ」が号令され、つづいて「爆雷戦用意」の叫び声を聞いて、急ぎ甲板上にでた。鴨は、いま潜望鏡を発見し、それに向かって全速力で突進中であった。紺青の海を二つに割って目標の真上にゆくと、黒い巨鯨のような敵潜水艦がはっきりと見えた。

ゆきすぎてから両舷から爆雷が投下された。ズシンズシンとひびく爆発音は、まったく凄まじい。みるみるうちに蒼い海は真っ黒となった。重油がブクブクと流れだし、木片や衣服、その他いろいろのものが浮いてくる。それらを総出で網ですくった。

戦後の米軍側の記録によれば、昭和十八年二月十六日、Amber Jack「SS219」は鴨、十八号駆潜艇、航空機の共同攻撃により、ラバウル港外において喪失している。

鴨はじつによく働いた。ニューアイルランド島カビエン、ブーゲンビル島ブイン、中部ソロモンのムンダ、レカタ、ブカ島などソロモン海をあばれまわった。小戦闘は、その折り折りに起こったが、いぜんとして健在であった。敵機を撃墜すれば捕虜をつかまえ、潜水艦を撃沈すれば証拠物件をすくいあげて司令部にとどける。そういった地味な努力をかさねている鴨の名は、ラバウル中に鳴りひびいた。

ラバウルで油槽船より燃料補給していると、反対側の駆逐艦から鴨の名をきいて、飛んできたのが村山三信軍医中尉であった。その後、ショートランド島で補給をうけていると、われわれとは反対側で補給をしていた夕雲型駆逐艦風雲の軍医長が手をふって出てきた。同期の小西宏医中尉であった。彼もガダルカナル輸送で危ない橋を渡っていた。明日はわからない戦場で同期生に会ったときは、たまらない懐かしさと同時に心強さを感ずるものである。

ひよどり一家の殴り込み

やがてラバウルに帰港した。艇長を先頭に士官室の若手はほとんど全員上陸した。そして山の中腹にある料亭にゆく。死ぬも遊ぶもみな一緒だ。そんなわれわれは、いつの間にか清水次郎長一家になぞらえて、鵯一家と呼ばれ、歓待されたものである。

ある晩のことであった。例の通り鵯一家がおとずれたところ、あいにく明朝出撃の搭乗員が宴会中でことわられた。艇長は怒ってあわやイモ掘り（あばれ回ること）というところを、まあまあと一同なだめて、町はずれの下士官兵慰安所にむかった。もちろん、士官がそこへいくのは禁じられていたが、鵯の戦闘実力は断然だったので黙認された。

そのころ、敵は夜になると数機で来襲した。探照灯がサーッと光の帯をつくり、交差したところに敵機が映し出され、それに向かって曳光弾がゆっくり飛んでゆくが、とどかずに消える。そのうち、あちこちに爆弾が落ち、ズシンズシンと地響きが伝わってくる。敵機が落ちるのを見たことはなかったが、近くに爆弾が落ちることもあって、思わず毛布をかぶった。

翌日の朝、鵯の艦橋で艇長が一升ビンを手にして「出港用意」と怒鳴った。潜水艦、駆逐艦、駆潜艇の間をぬうようにして航行する。停泊中の艦艇から「頼むぞ」「鴨、ガンバレよ」といった声とともに、ちぎれるように手ぬぐいをふっている。

これだけ頼りにされると、「よし、やるぞ」といった気迫が艇全体にみなぎってくる。〝もう今度こそ生きては帰れまい、靖国神社にゆくぞ〟と心に決めていた。しかし、何回たたかれても鴨は不死身であった。そのうち敵は電探射撃をはじめた。闇夜であろうと、スコールでまったく視界がきかない場合でも、弾丸は飛んできた。

日本帝国海軍の誇る夜戦も、もはや神通力を失っていた。みるみる駆逐艦の被害は増大し、ために島嶼（とうしょ）守備の日本軍は孤立していった。そんなある日、司令部に連絡へいった艇長が、もの凄い形相で帰ってきた。

「駆逐艦の腰抜けども、レーダー射撃がこわくて船団護衛はまっぴらだとさ。鴨は行ってくれるかと司令官に聞かれたから、命令とあらば、どこへでも行くと返事してきた。いいか、みな、俺と一緒に死んでくれ」艇長はそう言いきった。われわれの心の中はたぎった。「艇長ッ、鴨一家の殴り込みをやりましょう」

前線の兵士のことを思えば、レーダー射撃が恐いだの、何が恐いだのと、そんな甘ったれたことを言っていられるかと、若手士官の心は燃えに燃えていた。

そのときである。ひとりの応召である四十歳ぐらいの機関長が、「艇長ッ、駆逐艦もゆけないところに水雷艇でゆけますか」と顔をひきつらせながら反抗した。その機関長の言葉も一方では真実であったが、その頃のわれわれは、どうせいつかは南太平洋の波間に散るのだ、という覚悟はできていたので、死ぬことがそれほど恐怖ではなかった。

昭和十八年四月より鵯は第二海上護衛隊となり、主戦場は内南洋となった。トラック島を中心として、サイパン、クェゼリン、またときにラバウルまでの船団護衛に専念する。相手は飛行機よりもっぱら潜水艦であった。

八十二警備隊に転勤命令

そのころの内南洋の島々は、比較的のんびりしたもので、ソロモン諸島とくらべると、天

鵯。昭和11年12月竣工。基準排水量840トン、全長88.5m、速力30.5ノット、12cm主砲3基。艇尾に掃海索展張装置と爆雷投射機。中央に3連装発射管、煙突後方に40ミリ機銃。昭和19年後半には3番砲や掃海具を撤去し機銃増備

国と地獄の観があった。そうこうしているうちに、昭和十八年八月十日、〝横須賀鎮守府付を命ず〟の電報に接し、二十四日、私はトラック島で退艇、飛行艇に便乗して横浜に到着した。さっそく横須賀鎮守府に出頭した。そして、その年の秋。ミカンが色づきはじめたころ再び、転勤命令がきた。『東部ニューギニアの八十二警備隊がラエよりサラワケット山を越えての転進をし、もっか再建中である。ただちに空路ラバウルにゆき、第八根拠地隊司令官の指示をうけよ』というものであった。

横浜の杉田より大艇に乗り、サイパンをへてトラック諸島に着水。ここでラバウル行きの便を待った。しかし、飛行機はなかなかやって来なかった。十一月二十八日になって、やっと飛ぶことになった。旧式の飛行艇でちょっと心細いが、乗り込んだ。

もうすぐラバウル、やれやれと思ったとき、急に機内が騒々しくなり、七・七ミリ機銃を射ちはじめた。見ると、B24が二機おそってきた。パッパッと機関砲弾が飛んでくる。落とされるかも知れないと思うと、胸がしめつけられるように痛んだ。おそらく顔面蒼白だったにちがいない。あとにも先にも、私がいちばん恐怖感に襲われたのは、このときである。

飛行艇は機銃を発射しながら急降下する。数分が数時間にも思えた。そのとき、飛行艇は雲の中へ突入してしゃにむに逃げる。懐かしいラバウルの花吹山が見えた。また、助かったのだ。数ヵ月前、あれほど艦船でうまっていた港内には、数隻の小艦艇の姿しかなく、零戦も艦爆も飛んでいない。なんという寂しさだろう。

ニューギニア行きの潜水艦の便があるまで、あばらやの旅館に滞在することにした。たび重なる空襲で、街は荒れ果て、日中、人影もまばらであった。ガダルカナルを奪取した連合軍は進撃を早め、中部ソロモンからすぐ近くのブーゲンビル島タロキナ岬に上陸していた。

地獄のニューギニア戦線

十二月七日早朝、伊一八一潜はラバウルを出航した。そのまま潜航して、九日の夕刻に浮上し、ニューギニアへ第一歩をしるした。翌朝、陽も通さぬ密林のなかの宿営地にいる青白い栄養失調の兵士を見て、これは予想以上にひどいところにきたなと感じた。

ジャングルの奥深くに第七根拠地隊司令部の洞窟があり、先任参謀岩城繁大佐より、「貴官はずいぶん早く着任した」とほめられ、「いま二十師団が戦闘中であるが、海軍はちかぢかこの地を撤退して、後方にさがる予定である。そのため病弱兵は連れてゆけないので、選びわけてもらいたい」といわれた。

今回は、いままでの一人配置と異なり、軍医科士官がたくさんいた。司令部に池田亀夫軍医中尉、八十五警に滋賀秀正軍医大尉および吉岡観八軍医中尉。そしてわが八十二警に持松文彦軍医少尉がいるのが、なによりも心強かった。

十二月二十二日、二〇〇名の部隊は、司令鵜飼憲大佐を先頭に出発した。椰子林にひるがえった軍艦旗をあおぎ、モリモリと闘志がわいてきた。しかし、ニューギニアで軍艦旗を見たのは、このときだけであった。以後は実際のところ、重い旗を支えるだけの体力のある下士官もいなくなった。

この部隊は、司令と副官柿内明夫中尉が兵学校出で、あとは特務士官の小隊長、応召の下士官、十五～六歳の少年兵よりなっていて、これでは戦争はできそうもないと、私の目にもあやぶまれた。それにしても兵士は、三千メートルの山脈を重い銃を背負って歯をくいしばり、よろめきながらも歩きつづけた。豪州軍は海岸線を占領していた。凄惨な脱出行である。バッタリ倒れた兵士を診ると、すでに脈はなかった。

やっと包囲を迂回して友軍にたどりついたと思うまに、連合軍はふたたび後方に上陸してきた。救われた者、救った者ともにふたたび糧食を絶たれ、ジワジワと攻撃され、またも迂回して蟻のように連らなって歩きつづけた。徒渉中、流されて転がって、河口で鰐(わに)に喰われる兵士。胸までつかる湿地帯で、ブクブクと沈んでゆく兵士。まるで地獄図を目のあたりにしても、軍医の私には何もできなかった。そして、昭和十九年の五月十二日、ウエワクの友軍に救出された。

昭和二十一年一月十五日、東部ニューギニアからの復員船高栄丸は、懐かしの東京港に入った。国破れて山河あり――真白く雪をかぶった富士山が見えた。涙がとめどもなく流れでる。戦いに明けくれたこの四年間とは、私にとって何だったのだろう。

最初の香港勤務は白昼夢であった。南太平洋から内南洋にかけての艦船勤務。出撃のたびに、生と死を賭けた。勲章にも似た下顎の爆弾傷痕。そして、最後の凄惨なニューギニア戦。いま、八十二警備隊でともに内地の土を踏む者は、わずか三名のみである。薄汚れた丸腰のわが身は、四年前、佐世保を出航したときの意気軒昂たる海軍士官とは、似ても似つかぬ姿であった。栄養失調、マラリアで右眼は失明して、ブヨブヨにむくんだ足を引きずって、私はいまたしかに日本本土に上陸したのだ。

いま私はわが海軍生活をふり返ってみると、何々海戦というような華々しい戦いをしたわけでもない。戦史にも載らない戦いをしてきた。無駄で馬鹿げた経験をしただけさ、早く忘れろ、という人もいる。しかし、内地に還れなかった者は運が悪かった、とだけで片付けてよいだろうか。

さらに私は思う。あれだけ叩かれたために、現在の自分があるのだと。香港でそのまま終戦になっていたなら、恐らく現在の私とは別の人間になっていただろう。帝国海軍——それは私が死ぬまで、栄光の軍艦旗とともに、私のなかに生きつづけるであろう。

旭日旗ひるがえる敷設艦の海上封鎖作戦

太平洋戦域に敷設した機雷十六万個。日本海軍の敷設艦艇と戦術

当時 南遣艦隊参謀・海軍大佐　寺崎隆治

わが海軍は明治元年（一八六八）に創設されて以来、日清戦争の黄海海戦、日露戦争の日本海海戦で大勝したために、海上戦闘は連合艦隊主力同士の決戦によって一挙に勝敗が決定するという思想が根強かった。海戦の要領をさだめた虎の巻（軍機図書）の海戦要務令や開戦時の連合艦隊戦策では、主力部隊（戦艦）の戦闘を基準とし、これに協同する各部隊の行動がくわしく書いてあった。

寺崎隆治大佐

日露戦争のとき、東郷艦隊が旅順口封鎖作戦において、わが蛟龍丸の敷設した機雷にマカロフ長官が座乗する旗艦ペトロパブロフスクが触雷沈没し、長官以下六三〇余名が戦死した。ロシア側もこの戦例を真似して、わが艦隊航路に機雷を敷設したため戦艦初瀬と八島が触雷沈没、乗員四八三名が戦死した。

　また、支那事変においてわが海軍は揚子江溯江作戦をおこなったが、そのとき中国軍が敷設した約二万個の機雷に悩まされ、多くの犠牲をはらった。そして二四〇〇個の機雷を処分し、水路を啓開した。溯江作戦では多くの艦艇を失うという苦い経験をもちながら、その教訓をいかそうとはしなかった。

　昭和十四年、水雷学校教官であった林幸一大佐は航空機雷を、そして艦政本部部員の小山貞大佐は魚雷艇の開発製造を当局に強く要請したが、採用されなかった。また、米国のメーカーよりレーダーの売り込みがあったが、当局はこれを断わった。これらは、日本海軍全般にわたって「連合艦隊決戦第一主義」「速戦即決の短期決戦」「攻撃は最良の防禦なり」といった風潮が浸透していたからである。

　機雷戦、潜水艦戦、海上護衛戦、補給、防備など、いわゆる戦争の兵站、裏方を軽視したためである。それはまたわが国民性の欠点であり、また欧米戦史研究の不足によるところがすこぶる大きい。わが海軍に機雷学校が創設されたのは、開戦九ヵ月前の昭和十六年三月であり、対潜学校と改称され機雷、掃海、海上護衛、対潜作戦などを教育するようになったのは昭和十九年三月で、時すでに遅かった。

　わが海軍の機雷は日露戦争以後に少しは改良された。昭和二年から連合艦隊に機雷敷設艦常磐（ときわ）が付属され、用法について研究されたが、同年八月一日、佐伯湾において常磐の機雷爆発事故が発生し、死者三十五名、負傷者六十八名を出す大惨事となった。そのため、港湾防備用の九二式管制式音響機雷をのぞき、すべて触角式機雷に改造されてしまった。

八重山。1135トン、全長93.5mの小型敷設艦で艦首に機雷揚収デリックが見え、左舷に運搬軌条がある。艦尾舷側には機雷が並んでいる。速力20ノット、機雷185個

日米開戦時、わが海軍の機雷はつぎの五つであった。
▽九二式機雷（港湾防備用管制式音響機雷）▽九三式機雷（触角式代表機雷、炸薬一〇〇キロ）▽八八式機雷（潜水艦用機雷、炸薬一八〇キロ、ドイツ製開発）▽九六式機雷（九六式防潜網に三個装着、炸薬五五キロ）▽三式機雷一型（磁気機雷）、三式機雷二型（音響機雷）——昭和十七年九月、横浜に入港したドイツの補給艦ドッガーバンク号から譲渡をうけ、昭和十九年三月に試作完成したが、実用にいたらなかった。
いっぽう、敷設艦にはつぎのようなものがあった。

常磐（日露戦争時の戦艦、九二四〇トン、機雷搭載数五〇〇個）、勝力（一五四〇トン、一〇〇個）、八重山（一一三五トン、

一八五個)、厳島(一九七〇トン、五〇〇個)、沖島(四四七〇トン、五〇〇個)、津軽(四〇〇〇トン、五〇〇個)、敷設兼急設網艦白鷹(しらたか)(一三四五トン、一〇〇個)、初鷹、蒼鷹、若鷹(いずれも一六〇〇トン、一〇〇個)、機雷潜水艦伊一二一潜、伊一二二潜、伊一二三潜、伊一二四潜(機雷、各四二個)、特設敷設艦辰宮丸、長沙丸、高栄丸、新興丸、辰春丸、天津丸、金城丸、西貢丸、盤谷丸、高千穂丸、八海山丸、豊津丸など三十一隻、機雷敷設艇二十一隻、特設敷設艇十六隻、合計八十二隻で、小型低速のものが多くもちいられた。

また掃海艇は正規の掃海艇三十七隻、特設掃海艇五十隻にすぎず、きわめて不十分であった。第二次世界大戦の勃発初頭、ドイツの磁気機雷戦に刺激され、わが海軍は昭和十六年十月、通電式磁気掃海具(対艦式二式掃海具)を完成。また開戦後、香港およびシンガポールで入手したイギリス式磁気掃海具を模倣して、昭和十七年七月、磁釬式三式掃海具を完成させて使用した。

敷設艦と潜水艦の協同作戦

さて、ここでマレー、フィリピン、豪州方面における開戦前から開戦直後の機雷戦を見てみよう。当時、私は南遣艦隊(司令長官小沢治三郎中将)参謀として、この作戦に従事していたので、とくに印象ぶかい。

開戦直前の昭和十六年十二月七日の正午ごろ、伊一二一潜、伊一二二潜は、シンガポール海峡東口に潜機雷各四十二個、伊一二〇潜はマニラ湾外に三十九個、伊一二三潜はボルネオ北方パラワン島間のバラバック海峡に四十個を敷設した。

ひきつづき伊一二三潜は十二月二十三日、スラバヤ湾外に三十七個を敷設。翌十七年一月中旬、ポートダーウィン湾外に潜入、伊一二一潜、伊一二三潜は各三十個、伊一二四潜は二十七個を敷設した。ところがその帰途において、伊一二四潜はオーストラリア駆逐艦の攻撃をうけ、一月二十日、おしくも沈没した。さらに伊一二三潜は二月末、豪州北方ニューギニア島間のトレス海峡に四十個を敷設し、潜水艦による機雷作戦をおえたのである。

また、特設敷設艦の辰宮丸（艦長平野武雄大佐）は開戦の前日、イギリスおよびオランダ航空機の執拗な触接をうけながら、大胆にもシンガポール東方海面（アナンバス島とチオマン島間）に五三九個の機雷を敷設した。

フィリピンのサンベルナルジノとスリガオ海峡には、昭和十六年十二月八日の開戦の日、第十七戦隊（厳島、八重山）がパラオを出港して、十日に厳島がサンベルナルジノ海峡に三〇〇個、八重山がスリガオ海峡に一三三個の機雷を敷設した。

その後、マーシャル、カロリンの艦隊泊地であるロングラップ、クェゼリン、ブラウン、ビキニ、トラック、サイパン、パラオには第十七戦隊（厳島、八重山、辰宮丸）、第十九戦隊（常磐、津軽、天津丸、辰春丸）をもって一一五〇個の機雷を敷設した。

いっぽう比島、セレベス島、海南島方面はどうであったか。フィリピンの上陸泊地リンガエン湾には防潜網と四三〇個の機雷、ラモン湾には二四〇個の機雷をそれぞれ敷設、セレベス島のメナドには防潜網と三〇〇個の機雷を敷設した。また、海南島の三亜港には七五〇個、楡林港には六〇〇個の機雷を敷設した。
——以上が外地の記録であるが、内地方面はどうであったか。
各鎮守府、警備府ごとに見てみよう。
▽馬公警備府＝台湾海峡の要衝である澎湖列島付近に防潜網と機雷一千個、高雄、基隆港外に機雷各六〇〇個を敷設した。
▽横須賀鎮守府＝東京湾の入口、浦賀水道に防潜網四ヵ所、機雷一〇六〇個を敷設、伊勢湾

沖島。4000トン、全長124.5m。機雷500個と上甲板2条、中甲板2条の敷設軌条を有する。艦尾両舷の軌条に機雷が並び、後檣前に水偵射出機と揚収クレーン。煙突前後の柵状は両舷4ヵ所の機雷積込口。艦橋後方に高角砲2基、主砲は14cm連装

口に機雷四〇〇個、小笠原の父島に機雷五九〇個、母島に三〇五個を敷設。そして終戦前には遠州灘、九十九里浜、鹿島灘、犬吠埼、塩尾崎、金華山沖、御前崎沖、八丈島などに機雷四千個を敷設した。
▽大湊警備府＝宗谷海峡東口および西口に機雷各四七〇個、津軽海峡東口に機雷一二三五個、西口に八〇〇個、尻屋沖に二〇〇個、八戸沖、白糠沖、地球岬沖に各四〇〇個を敷設した。
▽大阪警備府＝紀伊水道に二一七〇個の機雷と防潜網を敷設した。
▽呉鎮守府＝豊後水道に防潜網および四千個の機雷を敷設、また柱島の艦隊泊地には防備を完成させた。下関海峡西口に管制機雷六群、機雷二四六〇個を敷設した。
▽佐世保鎮守府＝佐世保軍港と長崎港に機雷三千個、防潜網各一ヵ所を敷設した。奄美大島に機雷二〇〇個を敷設し、沖縄本島、宮古島、石垣島に機雷一千個を敷設した。
いっぽう、海上護衛総司令部はどうであったか。

中国の東海、南東海面に対潜機雷礁をもうけて、海上交通保護の航路帯をつくるため、一万二千個の機雷を男女群島と台湾澎湖島間、沖縄諸島間に敷設した。と同時に台湾海峡に対潜機雷堰を設置。二二〇〇個の機雷堰を設けた。また、中国の東海、南東海面の対潜機雷礁の強化がおこなわれた。そして機雷礁に二九六〇個の機雷を増加して敷設した。

さらに上陸を阻止する、水際機雷のことにもふれておこう。

開戦後、七万個の機雷を急造し、南方方面の最前線ギルバート諸島のマキン、タラワ両島やマーシャル群島の要衝クェゼリン、硫黄島、沖縄などへ上陸阻止用として、水際機雷を敷設したため、米軍はマキン、タラワおよびクェゼリンの上陸時に甚大な損傷をうけた。マキン、タラワでは一時撤退をし、その後、砲爆撃をおこなって水路を啓開したうえで上陸した。その戦訓によりＦＯＤ（水中処分隊）をつくったという。

功を奏した「機雷敷設」宣言

わが機雷戦は太平洋および本土海域にわたっていた。触角機雷、潜水艦用機雷、防潜網用機雷、上陸阻止水際機雷敷設により実施されたが、その量数も触角式七万五千、潜水艦用三二〇、防潜網用機雷一万三千、水際機雷七万個ていどであって、全体的にみて、大きな成果はえられなかった。しかしながら、作戦海面の全域にわたってそのつど、機雷敷設を宣言したため、これが敵側にあたえた精神的、心理的影響と、掃海実施や艦船の行動、上陸部隊の行動にあたえた影響は少なくない。

それにしても機雷戦の戦果調査は困難であるが、戦後、両軍の戦史を比較し、わが戦果と思われるものはつぎのようなものである。

特設機雷敷設艦の辰宮丸がスマトラ、ボルネオ間に敷設した機雷にオランダ貨物船が触雷し、オランダは船舶の航行を禁止した。また、リンガエン湾においては、敵潜水艦五隻中、湾内に潜入した潜水艦はたった一隻であった。

ところで、目を国内に移してみると、三陸沖では米潜水艦ピッケル、ランナー、ポンパノの三隻が消息を絶っている。そして昭和十八年秋には、宗谷海峡から日本海に潜入しようとした米潜水艦が潜入を断念したが、昭和二十年六月、機雷探知機が完成したので、そのあと対馬海峡から潜入した。

その他、昭和十九年二月の中旬、米潜は黄海の機雷堰で触雷、その後、米潜は黄海北部や朝鮮西海岸海域に出現しなくなった。米潜水艦の機雷による喪失は三陸沖三隻、南シナ海、パラワン、九州西方、津軽海峡東方の各一隻を合わせて七隻である。

いっぽう、ガダルカナル島を中心に昭和十七年八月七日からソロモン方面の戦闘が激化しはじめると、十月ごろから米軍は主として潜水艦と航空機で、機雷敷設をおこない、重要港湾および航路を封鎖した。

その地域は、ガダルカナル、ブイン、コロンバンガラ、カビエン、トラック諸島、ウルシー、パラオ、ニューギニア北岸、蘭印(スラバヤ、バリックパパン、パレンバン)、シンガポール、ビルマ(ラングーン、モールメン、メルギー)、バンコク、サイゴン(現ホーチミン市)、中国沿岸、揚子江、台湾、小笠原など約一五〇ヵ所、敷設機雷数一万三千個にもおよび、わが艦船の損失は約七十万トンに達した。

敷設艇「鷗」揚子江に羽ばたくの記

小型浅吃水を利して長江警備に人海戦術を展開した航海長の回想

当時「鷗」航海長・元海軍少佐　愛沢新五

私は昭和十四年一月八日、大阪商船株式会社の二等運転士であった当時、海軍予備中尉として召集をうけ、赤だすきをかけて歓呼の声に送られ、佐世保鎮守府に入隊したのは一月十八日のことであった。

海軍予備学生として海軍砲術学校に在学した当時、練習艦榛名に乗艦して訓練をうけたことはあったが、海軍士官として勤務するのは初めてであり、佐世保防備隊でいろいろの基礎訓練をうけ、一月二十五日、佐世保防備隊所属の敷設艇鷗の先任将校兼航海長を命じられた。

このころ鷗は揚子江において警戒任務についていたので、長崎から連絡船で上海にわたり、さらに補給船に便乗して鷗に着任したのである。敷設艇であるから、機雷敷設を主任務とする艦艇であることぐらいはわかっていたが、いま、どんな任務についているか、また先任将校とはいかなるポストであるかも知らないまま、とにかく着任した。

私がこれまでに乗った商船のうち、もっとも小さいものでも総トン数が四三六一トンのくりした。さらにこの小さい船に、乗組員が七十名しかいないということに、二度びっくりした。

士官には寝台があったが、大部分の乗組員は空いているところにハンモックを吊って寝るという状態で、まるで機械や兵器が主人公で、人間はその空間を利用させてもらっているということに、三度びっくりしたものだ。

軍隊はその性格上、階級が厳然としていなければならないことは当然であるが、艦載艇に乗艇する場合、階級によって腰掛けにしく敷物が異なることをはじめて知った。すなわち黒の毛布に、緑のフチをとったものが尉官用、緑が赤となったのが佐官用、将官となると黄色となる。

将官クラスが乗っている大きな艦などでは、艦長に対する敷物の区別にはそうとう神経をつかっていたことであろうと思う。また商船においては、通称ボーイ（給仕）といわれるものが寝具の整理などをしていてくれたが、海軍では従兵が身のまわりを見てくれる。これも私にとっては海軍に入ってから知ったことであった。

私は鷗に乗艇してはじめて将校という地位がわかった。艇長は海軍兵学校出身の平野少佐で、そのつぎが私である。すなわち副長格とでもいうのか。あとは少尉、兵曹長、下士官、兵であるが、このような小さい艇でも兵曹長以上が八名も乗っていた。

捕獲網による対潜防禦を主任務とする燕型の敷設艇で奥が燕、手前が鷗。艇首に捕獲網や機雷の揚収ダビットが見える。機雷の敷設も可能で、爆雷18個と投射機２基

出没する奇怪なジャンク

支那事変の勃発後、蔣介石軍は日本軍の揚子江遡江作戦を妨害するため、ところどころに老朽商船などを沈めて航路を閉塞した。日本海軍はこの閉塞海面を警戒し、日本いがいの船舶の通航を制限した。

当時イギリスやアメリカの砲艦が、まだ揚子江においてときどき出没していた。わが鷗は、僚艇那沙美(なさみ)と二十号駆潜艇とトリオを組んで、鎮江ふきんにあった閉塞線の監視と警戒にあたっていた。

その主たる任務は前述の外国砲艦の通過予定日時が、あらかじめ司令部から通知されていたので、「われ誘導す」の国際信号旗をかかげて閉塞海面を誘導することと、通過する船舶の監視であった。外国の砲艦いがい通航する汽船は日本船

であるが、ジャンクはかなり多くのものが航行していた。

鷗は閉塞線近くの川の中央ふきんに投錨して、行きかうジャンクを横付けさせて積荷や乗員を点検した。

下江するジャンクは川の中央ふきんを通過するから横付けしやすいが、上江するジャンクは風向、風力がちょうど良くマッチしないかぎり流れにさからって、中流ふきんにいるわが艇に近づくことはとても無理で、多くの場合、流れのゆるやかな岸にむかって上流にながされながら帆を利用して、本艇まで来なければならない。

太平洋戦争がやがて終幕に近づいてからの、相次ぐ熾烈な戦闘ばかりを知っている人たちにとっては、このような地味な任務は話題にもならないというが、しかし当時の海軍としては有力な、そして有効な作戦であったし、また貴重な戦力の一つでもあったのだ。

ジャンクは、中国大陸を横断している大動脈たる揚子江において有力な交通機関であり、兵隊はもちろんのこと、あらゆる戦略物資の運搬に使用されていた。ここで少しキタナイ話で恐縮だが、私にとって忘れられない話をご紹介しよう。

そのころ糞尿を満載したジャンクが、よく下江してきた。風向きによってはかなり遠方からでも臭いが鼻をつく。

流れも急であり、本艇に繋留するにも、本艇からもやい綱を出してやらなければならないような、よけいな手間もかかるし、ことに食事時などは敬遠されがちであったが、その糞尿船の船底に武器をかくして運搬しているというような情報がはいり、臨検隊員は測深用の棒を持って、いちいちジャンクに飛びうつって、糞尿だけであるかをどうか確かめなければならなくなってきた。当時としては、これもお役目の一つであったが、とにかくあまり嬉しくない任務であった。

もう一つ、面白いエピソードとして「棺桶運搬船」がある。中国人は祖先崇拝の念がつよく、郷里をはなれるときなど、家財道具はあまり持ち出さないかわりに、棺桶を乗せて下江したが、そのジャンクにときどき遭遇した。

仏さま（ほとけ）にはめったな手出しはできない、ということで、そのまま通過させていたところ、武器をその棺桶のなかにしのばせて運搬しているというような情報が入ったので、ほんとうに仏さまかどうか点検することになった。

中国の棺桶は日本のように粗製ではなく、材料も厚い堅材をもちい、釘をうたないで組合わせ式になっているため、じつに開けにくいものであるが、苦労して開けて見たところ石灰でくるまれた仏さまが現われただけで、ついに武器を発見するとはできず、なんとなく薄気味のわるい気分ばかりを味わったものである。

上流にむかうジャンクはよほど風向がよくないかぎり、本流を通ることはなく、岸に近いほうを流されながら、本艇に横付けするということは前述したが、ある日、かやを満載したジャンクが対岸のほうをどんどん上江して、いつまでたっても本艇に近づく気配がないので、一人の臨検隊員がそれまでやっていたとおり小銃弾をジャンクに向かって発射したところ、たまたま乗っていた中国人の頭に命中し、即死させてしまったことがあった。

これは何の罪もない人を殺してしまったといういやな思い出として、私はこの日のことを忘れることができない。

敵襲を沈黙させた熱海の快挙

高郵湖は揚子江の鎮江から約九十キロ北方にあって、その北側につらなる宝応湖に通じ、北支と中支とをむすぶ水路の要衝として有名である。

当時そのふきんの要所要所に敵が頑張っていて、中支で活躍している船舶や住民に供給する石炭を積んだ船が停船を命じられ、積荷を没収されるという事件が相次いで起こった。

そこで何とかこれを防がなければならないとして、この水路を確保する必要にせまられてきた。これが高郵湖作戦である。

これに先立って、私はこの高郵湖に通ずる水路の調査を命じられたが、極秘に事をはこぶ必要があるうえ、敵の勢力圏内であるし、当時、住民の交通船として、一〇トンばかりの小蒸気船が日に一回程度かよっていたので、これを利用することにした。

そこで中国の船員に変装し、表面は商用に見せかけているが、護衛をかねて気ごころの知れた中国人三人ばかりと、同船に乗って調査することになった。

最悪の場合は、捕虜になるかも知れないし、あまりいい気持ではなかったが、三名の中国人を信頼して決行した。

揚子江の本流から七十キロばかり行ったところの、物資の集散地である露筋鎮の桟橋に横

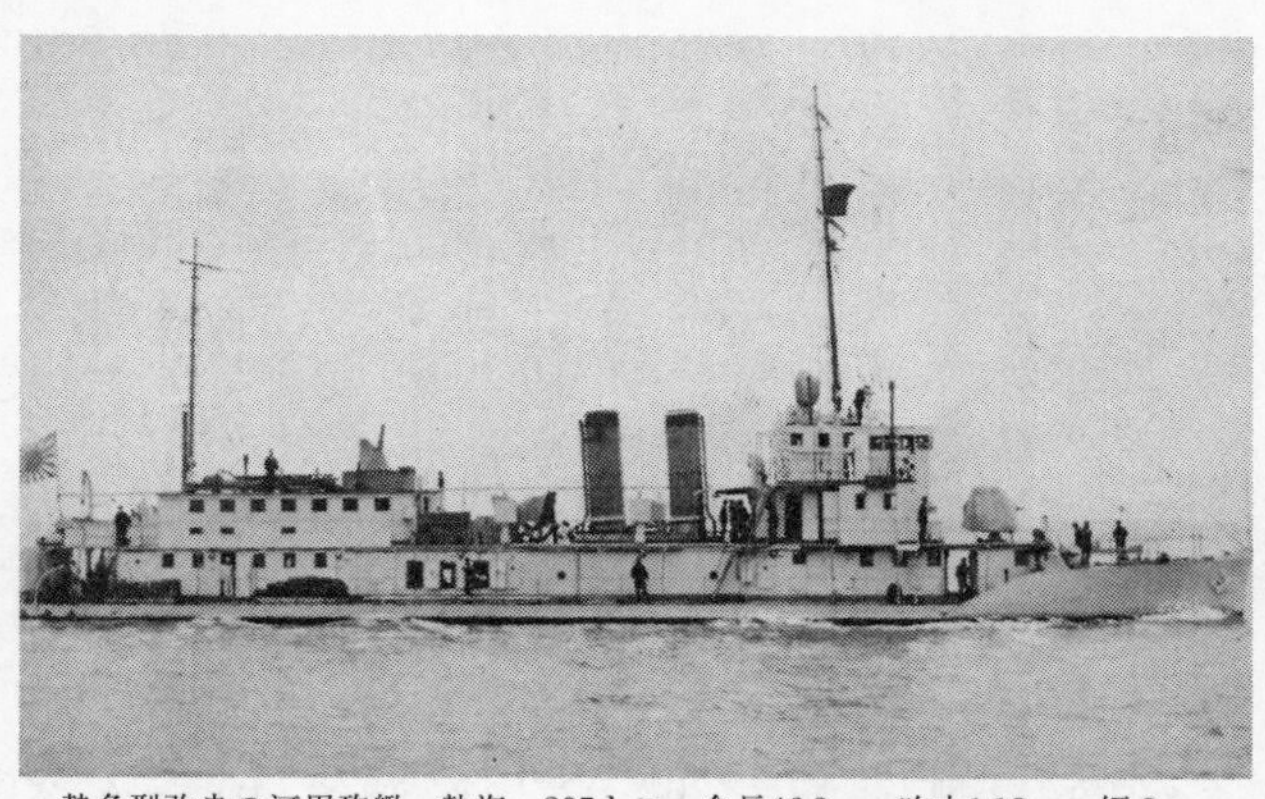

勢多型改良の河用砲艦・熱海。205トン、全長46.3m、吃水1.13m。短８cm高角砲に7.7ミリ５梃と後部甲板室上に13ミリ機銃。艦橋上に探照灯と測距儀

付けしたときのことである。

平服ではあるが、ひと目で蔣介石軍と思われるものが三名ばかり、この交通船に乗り込んできて、乗客の点検をはじめたのである。村長、町長の発行する住民票の点検である。

もちろん私は中国人のものを借用していたが、もし訊問されるようなことがあれば、すぐバレてしまい、捕虜になるかも知れないと思い、首スジをまるで毛虫がはうような感じであった。

このようにして高郵湖作戦は、第五砲艦隊司令の中邑大佐を指揮官として、砲艦熱海、工作艦、特設砲艦、そのほかの艦艇など総数一七〇隻と、陸軍約一個師団が参加しておこなわれ、昭和十四年における中国戦線の三大作戦の一つとして数えられている。

私は十名ばかりの兵隊と、大発一隻によって編成された設標隊指揮官を命じられた。そして水路の確保にあたるとともに、浅瀬や、まるで

迷路のように入りくんだ水路に標識をもうけ、さらに主力艦船の航行安全の確保にもあたった。だが機関銃一梃しか兵装のない大発では、いつ敵の攻撃を受けるかわからず、そのうえ流れが急で、思うように作業が進行しなかったが、後続部隊がつづいているのであまり時間をかけることはできなかったけれども、それでも最終的にはどうやら全艦船が、ぶじに高郵湖に入ることができた。

その途中、二道橋において砲艦熱海が、操艦をあやまって橋桁に船体をぶっつけたので、水路が閉鎖され、後続部隊を通航させることが不可能となり、一時は作戦遂行のため、熱海の艦尾を爆破しなければならないような悲壮な決意をせまられるようだったが、しかし、かつて揚子江において、陸上の立木にもやい綱をつないで艦を保留したことがあるという、中国の故事にならって、陸上の柳の木に綱をしばって船を引いてみたところ、するすると橋桁から船体をはなすことに成功した。

かくして、菊の御紋章をつけた軍艦を、史上はじめて中国の高郵湖に浮かべることができたのである。

私は大発を工作艦に横付けして、前日来の疲れがひどかったので休息をとることにした。だが翌朝、夜が明けきらないうち、陸上から速射砲の一斉射撃をうけた。ただちに応戦し、まもなくこれを沈黙させたが、砲艦熱海の砲弾が発射されるまでは、ほんの短時間であっただろうが、しかし私にとっては、じつにながく感じられた。

カンが頼りの暗夜の上陸作戦

鎮江の下流六十キロばかりのところにある太平洲に、敵が多数潜入しているという情報に接し、これを陸軍と協同して掃蕩することになり、海軍側は南京基地隊司令の長谷部大佐を指揮官として、大発二十隻に陸軍部隊を分乗させ、私が指揮官付として先導艇に乗り組み、嚮導することとなった。

ある日、真夜中に鎮江の桟橋をはなれて、単縦陣の隊形で灯火を厳禁し、夜明け少し前に予定地点で一斉に左回頭してランディングし、陸軍部隊を上陸させることになった。夜間で陸上に灯火もなく、まして川岸であるからはっきりした目標も、また正確な図面もなく、まして流れが急だったので船の速力も判定が困難であった。

頼りになるのはカンだけであった。

全神経を集中して周到な計算をし、まるで猫の目のように暗闇に目をならし、水路のまがり具合などこまかいところも見逃がさず、苦労しながら予定時刻に予定地点に到着した。そして、あらかじめ打ち合わせてあった曳光弾を打ち上げて、一斉に左回頭し、陸軍部隊を上陸させることに成功した。夜が明けて確認すると、ほぼ予定していた地点において、ぶじに作戦を遂行し、指揮官の期待にこたえることができたわけである。

太平洲はその上端が鎮江の下流約三十キロで、南北の長さ約三十キロ、東西の長さ約十キロの細長い洲で、揚子江では最大のものであった。

その太平州の中心集落が揚中であった。

この作戦を行なう前から、かなりの敵の兵力が、この揚中にいるという情報が入っていたが、このような大きな洲であるため、一方から日本軍が攻撃をしかけても、一方からジャンクで逃走されるため、これまではほとんど攻撃の成果が上がらなかった。

しかし今回は、そのころ揚子江の警備に当たっていた各砲艦隊に協力してもらって、太平洲の周囲の水路に特設砲艦その他の艦艇を配置して監視を厳重にし、太平洲との交通を遮断したので、それまで失敗つづきであった作戦も、期待どおりの戦果をあげることができたのである。

小艦艇独特のみごとな人海戦術

鷗は鎮江ふきんにある閉塞線の監視と警戒にあたっていたが、艇内はせまいし、糧食、水も不足がちであったが、約十日ごとに南京または上海に、補給のため入港することになっていた。揚子江の水路状況は、日本海軍水路部で作成した海図はあったが、すべて精測したものでなく、また増水した後は水深の状況がよく変わっていることがあった。

鷗が上海への航行の途中、狼山の南方十五キロばかりの通州水道において、浅瀬に乗りあげたことがあった。海底が泥と砂であったため、いつのまにか行き足がなくなって乗り上げてしまったのである。

流れのあるところに乗り上げると、水流によっては船底の先端を深く掘り下げられるが、後部にはどんどん泥や砂が喰い込んでくるので、一刻の猶予もできない。

鷗は艇体が小さいわりに乗組員が多かったので、「手あき総員甲板へ」の号令をかけて四、五十名の兵員を後甲板にあつめた。

これらの兵員を右舷にあつめ、ついで「左舷に寄れ」の号令でいっせいに左舷に寄らせ、これらのことを繰りかえしながら主機関を併用すれば、深いほうに出れないこともないと知った私は、彼らと協力してただちに離礁作業を実施し、ぶじに脱出することができた。

小艦艇では桟橋などに横付けしたり、また離れるときなどに使う太い竹竿はかならず用意してあるが、これを兵員が協力して、いっせいに押す方法をとることがある。大艦から見ればまさに人海戦術といえるものであろう。

人海戦術——まさに小艦艇にとっては、この人海戦術こそ唯一の、強力な武器であったのだ。そこには決して大艦ではもとめることのできない人間的な、いや、むしろ艇と人間とが一致して任務にあたるという気風があったことはたしかである。

海軍史上、ほとんど名を出すこともない小艦艇群の働きぶりは、われわれ乗組員にとっては何となくさびしさを感じる。しかし大艦は大艦なりに、小艦艇は小艦艇なりに、それぞれ戦果をあげたということを知ってもらいたいと思う。さればこそ、地味な任務に、なに一つ不満もいわずに活躍し、死んでいった人にとって最大の手向けとなるのではあるまいか。

河用砲艦「勢多」遡江艦隊の先鋒をかざれ

支那事変勃発直後に着任、揚子江に展開した下駄ぶね艦長の奮戦記

当時「勢多」艦長・海軍少佐　寺崎隆治

わが国が砲艦を揚子江に派遣したのは日露戦争の翌年、すなわち明治三十九年（一九〇六）からである。

砲艦勢多（せた）は排水量わずか三三八トン、長さ一八〇フィート、幅二七フィート、吃水三・四フィートで二一〇〇馬力のエンジンを搭載し、最大速力十六ノットであった。また、武装は八センチ高角砲二門、二五ミリ二連装機銃二基を装備し、乗組員約一二〇名という軍艦で、艦首に菊の御紋章をいただき、俗に「下駄ぶね」といわれた。

しかし、この砲艦は吃水が浅くても、操縦性がたいへんよく、上海から一五〇〇浬（かいり）上流の重慶まで〝三峡の険〟といわれる水流八ノットもある狭い難所を上下江できる特長をもっていた。そのころ揚子江筋には米、英、仏、伊など各国の砲艦がその国の居留民、また権益をまもるため入りみだれて配備され、いわゆる「砲艦外交」を展開していたので、各国とも有能な指揮官を派遣していた。

昭和十二年七月七日、北京近くの盧溝橋で日中両軍が衝突し、これが急速に中支（中国中部）に波及した。そこで上海の旗艦出雲にあった第三艦隊司令長官長谷川清中将（のち大将）は、出先外交官の強い反対を説得し、重慶、宜昌、長沙、漢口、九江、蕪湖、南京などに居留していた約一五〇〇名の同胞と、約三〇〇名の漢口陸戦隊の総引き揚げを決意し、それらの各地に砲艦を配備して、八月一日に引き揚げを開始した。そして九日に、全員が上海に引き揚げを完了したのであった。これは、じつに長谷川長官と、第十一戦隊司令官の谷本馬太郎少将（のち中将）の大英断であり、砲艦の大きな功績である。

ところが、全員が上海に引き揚げを完了した当日（八月九日）、上海特別陸戦隊の大山勇夫中尉と斎藤要蔵一等水兵が中国兵に殺害された。このため十二日、中国海軍は揚子江入口の江陰に二、三の船を沈め、多数の機雷を敷設して閉塞してしまった。そのうえ十三日、中国軍は兵力わずか三千の上海特別陸戦隊に対し全面攻撃を開始、十四日には出雲、陸戦隊本部、総領事館を爆撃したため、ついにこれが支那事変に発展した。

これにたいして八月十四日、日本海軍は渡洋爆撃を開始し、陸戦隊、海上兵力、航空兵力を増援するにいたった。また陸軍は上海派遣軍（第三、第十一師団基幹）を急派し、ようやく喰いとめることができた。しかし中国側の十九路軍は十万の大軍をもって、上海のまわりを十重二十重に包囲し、戦線はまったくの膠着状態となった。

私はこのとき、艦長として九月十五日、黄浦江に停泊していた勢多に着任したのであった。だが、このときも上海一帯は彼我の砲火を浴びて大火災を起こし、もうもうたる黒煙におおわれ、敵機は昼夜間断なく来襲した。また魚雷艇も出没し、両岸の敵陣地からの砲撃は絶えることがなかった。そのうえ黄浦江上流は沈船で閉鎖され、凄惨な戦況のもとで、私は日夜軍服を着たまま艦橋に立って戦闘に従事した。

南京にひるがえる勢多の軍艦旗

ところが、日本陸軍の第十軍（第六、第十八、第一〇四師団、第九旅団、総兵力約七万）が十月五日、杭州湾に奇襲上陸し、十九路軍の背後に迫ったので、中国軍は十一日から上海のかこみをとき、南京方面にむかって総退却をはじめた。

このため大本営は十二月一日、現地陸海軍部隊にたいして、南京攻略を発令した。そこで長谷川第三艦隊司令長官はただちに第十一戦隊司令官近藤英次郎少将（のち中将）を揚子江遡江部隊指揮官に任命し、「陸軍と協同し揚子江水路を啓開し、すみやかに南京に進出すべし」と命令した。このときの遡江部隊の兵力は砲艦安宅、勢多、保津、鳥羽、比良、堅田、熱海、二見、小鷹、敷設艦八重山、駆逐艦栗、栂、蓮、第一水雷隊（鴻、雉、隼、鵲）特別掃海隊（曳船四隻）、第二十四駆逐隊（涼風型四隻）で、ほかに約二〇〇機の海軍航空機が協力した。

しかし、各艦長はみな中佐か大佐のベテラン揃いであったのに対し、私は少佐でいちばん若かったために遡江部隊の最後尾に配備されてしまった。そこで私は一日もはやく最前線に出たくてたまらなかった。

揚子江に仮泊中の勢多型河用砲艦。手前は比良または保津、左前方に勢多、右が堅田。対岸は重慶市街。330トン、全長56.08m、吃水1.02m。砲艦初の混焼罐を採用、出力を高め、揚子江の上流域へも遡江できた。速力16ノット

十二月二日、遡江部隊はまず揚子江入口の江陰要塞下流の閉塞線にぶつかった。だが、中国軍は江中に数百基の機雷を敷設し、旧軍艦五隻、二千トンないし五千トンの商船十八隻、ジャンクなどを沈め、また砲台を強化して遡江部隊の進撃を阻止していた。ところがこのような閉塞線の啓開、突破は日本海軍としてはまったく初めての経験であり、たやすい作業ではなかった。そこで、やはり前線の各艦は、減水期のため水路をまちがえて浅瀬に乗りあげたり、掃海索を沈船に引っかけたり切断したり、陸上砲台や管制機雷指揮所の捜索調査のために陸戦隊を揚げたりして、作業はなかなか進まなかった。いっぽう、日本の陸軍は江陰をあとにして南京に急進しており、長谷川長官から近藤司令官に対し、「すみやかに南京に進撃せよ」の督促電報がくる始末であった。

こうしているうちに、業をにやした近藤司令官は十二月七日、勢多を前衛隊にくり入れた。そのため勢多は、時まさにいたれりとばかり江陰閉塞線に進出し、保津（ほづ）、特別掃海隊とともに幅四百メートルの水路の啓開に成功し、そして八日、遡江部隊はこの水路を通過して進撃を開始した。

ここで揚子江の閉塞線について少し述べてみたい。中国には戦国時代に赤壁の戦いがあり「鉄鎖沈江」といって江中に鉄の鎖を張りめぐらし、敵艦の航行を阻止し、ぐずぐずしているところを焼き討ちにした故事がある（半壁山付近にその遺跡が現存）。このアイデアを取りいれ、近代化したのがこの閉塞線である。

十二月八日、遡江部隊は江陰対岸（北岸）の八圩港に、陸軍部隊の敵前上陸を支援したのち、勢多は先頭にたって進撃中、鎮江下流の右岸にある亀山砲台（一五センチ砲四門）より九十発の攻撃をうけた。このため前檣、煙突などに各一発ずつ命中弾をうけたが、それでもひるむことなく味方の航空部隊の爆撃と相まって、これを制圧して前進をつづけた。

さらに左岸の三江営、徒天廟砲台と交戦したが、これも制圧し、十一日の夜、金山寺で有名な鎮江に突入した。このとき勢多は、燃料（石炭）が欠乏し、このままでは後方にとり残されてしまい、そのうえ一番乗りができなくなると判断して独断で専行し、敵の桟橋に強行横付けし、敵中で石炭を満載した。そして明くる十二日、午前八時三十分、勢多を先頭に遡江部隊は鎮江を出発してふたたび進撃を開始した。

あいかわらず左岸の敵砲兵陣地とはげしく交戦しながら、午後零時三十分に南京下流の烏龍山閉塞線前にさしかかった。このとき俄然、前方の烏龍山砲台は砲火をひらき、左岸（北岸）の野砲、機銃、小銃の猛射をうけて、僚艦保津は命中弾により左舷機械に故障をおこしたが、勢多は被害もなく行動し、敵砲台の射程外に出て警泊した。

そこでつぶさに閉塞線の実況を偵察したのであったが、優秀な主計長小笠原（おがさわら）正義中尉のとった写真とスケッチをもとにして啓開可能な水路について意見書をつけ、後方に続行する近藤司令官に速報した。そのため司令官は勢多の意見具申にもとづいて、すぐに、「勢多は今夜、諸岡安一少佐のひきいる爆破隊（安毛乗組吉村一友中尉の指揮する高速艇に乗艇）を援護し、烏龍山閉塞線を爆破啓開すべし」と電令をくだした。

そのために勢多と爆破隊は、夜半の暗闇にまぎれて閉塞線の至近距離まで進出した。そこで爆破隊は沈着にして大胆に行動したが、約三時間かかって十三日午前二時に閉塞線の沈船一隻と、沈船をむすぶ防害用のワイヤを爆破切断し、幅約四百メートルの水路を啓開した。そして十三日早朝、勢多は啓開した水路を試航し、水路啓開を確認したうえで、遡江部隊は勢多、保津を先頭として午後零時、いっせいに南京へむけ進撃を開始したのであった。

このころ、南京城は日本陸軍の包囲攻撃をうけ、江上や江岸は敗走する中国軍の大部隊や舟艇、筏などでごったがえしており、遡江部隊はこれに猛撃をくわえ、北岸の野砲陣地と交戦しながら全速力で進撃した。そして勢多は、午後三時には南京下関桟橋に密集する中国軍部隊を殲滅し、同桟橋に横付けしたが、これが一番乗りとなった（保津は約三浬下流の中山桟橋に横付け）。新聞記者がいちはやく駆けつけ、『針ネズミのように奮戦　南京一番乗りの勢多』と題し、内地に第一報をおくり大々的に報道されたのはこの時である。

話が主筋からはずれるが、南京が陥落する前の十二月十二日、南京上流二十八浬（かいり）の開源桟橋に停泊中の米国砲艦パネー号は、中国軍艦と誤認され、日本の海軍機九機から銃爆撃をうけて沈没し死傷者をだした。また同日、その上流三十浬の蕪湖に停泊していた英砲艦レディバードもまた、第六師団砲兵隊によって砲撃されるという事件が発生した。

そのため長谷川長官はただちに米、英艦隊指揮官を訪問して深く陳謝し、いかなる損害賠償にも応ずる旨を申し出た。中央当局においても米英政府にたいし誠心誠意をもって陳謝し、適切な処置をとったため幸いに事なきをえた。だが、これはまかり間違えれば日米戦争になるところであった。それというのも、砲艦は小なりといえども一国の主権、領土、国民を代表するものだからである。

たちはだかる機雷原をぬって

南京を攻略したのち、陸海軍部隊は占領地域の確保につとめたが、勢多は未掃海面を突破し、安慶下流まで進出して敵をおどろかした。

昭和十三年五月十九日、わが陸軍および海軍航空部隊は、協同して徐州を占領した。このころから大本営では漢口攻略作戦を計画し、その前提として五月二十三日、安慶攻略作戦、六月十四日、九江攻略作戦をそれぞれ発令した。そして近藤司令官は、勢多にたいし安慶の手前にある大通に突入し、中国軍の機雷根拠地を破壊せよと命令した。このために勢多は六月九日、中国軍の反撃のなかを大通クリーク内に突入して機雷施設を破壊、敵を掃討して任務を達成した。

こうして六月十三日、遡江部隊は陸軍と協同して安慶を占領し、同時に航空基地を獲得した。そして十四日、九江攻略戦が発令されると、遡江部隊は勢多を先頭として進撃を開始し、敵機雷を掃海しながら二十日、やっと馬当鎮の要害に達した。中国軍はここに最後の閉塞線をもうけていた。しかし勢多は綿密かつ詳細に情況を偵察し、その様子を近藤司令官に報告した。

このころになると、遡江部隊に配属の掃海隊、爆破隊、付属陸戦隊も充実され、神川丸の水上偵察機の協同も堂にいり、さしもの堅固な閉塞戦も六月二十九日に爆破して、啓開された。このとき特殊掃海艇として、約十隻の滑走艇（プロペラシップ）も大いにその威力を発揮した。この滑走艇は、わが海軍が和歌山県を流れる北山川の瀞八丁を上下する「ウォータージェット」船にヒントをえて、浅吃水の舟の後尾に飛行機用の廃品プロペラを装備したもので、のち漢口攻略のとき一番乗りをするという殊勲をたてた。

さて揚子江右岸（南岸）を進撃中の波田支隊（台湾守備隊、一個旅団）は、七月四日、鄱陽湖入口の湖口に達していたが、揚子江水路の啓開がおくれたため弾薬糧食が極度に欠乏したので、遡江部隊にいそいで進出してくれるように要請してきた。そこで近藤司令官は、「勢多は挺身隊となりすみやかに未掃海面を強行突破し、湖口に進出、波田部隊を支援すべし」と命令をくだした。

そのために勢多は、命からがら機雷原を突破し、七月九日、湖口に達した。そしてそこでわれわれが来るのを首をながくして待っていた波田部隊にたいし、数万発の小銃、機銃弾と、勢多乗員用の二日分の糧食ぜんぶと菓子、煙草、ビール、サイダーなど酒保物品ぜんぶを提供したのであった。しかし当時の海軍の規則では、陸軍にたいし兵器弾薬を供給することはできないことになっていたので、小笠原主計長は法規違反だからやめてくれと強く進言した。

だが、一切の責任は艦長である私が負うからと申し渡し実行した。このときの近藤司令官、波田支隊長、岡村寧次軍司令官、及川古志郎艦隊長官、草鹿任一参謀長のよろこびは非常なもので、大変ほめられた。そして弾薬と糧食はそれから二日後には補給され、また草鹿参謀長より多額の酒保物品代をもらったのは忘れることはできない。そしてそののち、海軍の規則も改正されたのであった。

こうして遡江部隊は七月十一日、湖口に集結したのち、準備をととのえて九江にむけ進撃を開始した。このときは陸軍と協同し、二十六日、やっと九江を攻撃、そして水びたしの九江飛行場を占領した。この飛行場をそののち艦隊より多数のポンプが急送されて排水し、九月より使用可能の状態となり、それいらい漢口攻略戦に活用された。

だが、私は九江を占領した直後の七月二十九日、バイアス湾（広東省）上陸作戦参謀予定者（第五艦隊参謀）として、漢口攻略を目前にしながら約十ヵ月間、生死と苦楽を共にした勢多と別れねばならなくなった。このときは、じつに断腸の思いであった。しかし、遡江部隊は南京攻略および九江攻略の功により、艦隊長官より感状をいただいた。また近藤司令官からは離別にあたり、とくに私に対して賞詞をいただいたのであった。

また、後日談であるが、海軍省における支那事変の論功行賞会議で、少佐の勢多艦長である私に功三級金鵄勲章を授与すべきかいなかが大きな問題となった。だが、法規にてらしたところ少佐でもなんら差し支えなしとのことで、私は昭和十五年四月二十九日、功三級金鵄勲章と勲三等旭日章を授与されたのであった。だが、いちおう私が代表してもらったものであるが、これは砲艦勢多（せた）と、その多くの乗組員とに与えられたものといまでも思っている。

設計技術者が綴るわが魚雷艇 追想記

魚雷艇づくりに四苦八苦した当事者が告白する開発舞台裏の実情

当時T型魚雷艇設計主務・海軍技術少佐　丹羽誠一

伯父が海軍だった関係から、子供のころから船の写真や絵ハガキに親しみ、なんとなく船が好きになり、ごく自然に造船屋になった——というのが、私の今日をつくる動機のようなものだ。その私は船のなかでも、とくに速い船が好きで、写真でみる駆逐艦のすらりとした姿などには、つい見とれて時間が経つのも忘れてしまう。

この三つ子の魂が、海軍に入って、乗艦実習では憧れの特型駆逐艦で一ヵ月半も暮らすことができたり、昭和十四年五月に横須賀工廠で実務についたときは、しごくご満悦であった。それにくわえて広東で捕獲した魚雷艇の性能試験に立ち会い、鏡のような初夏の東京湾を四十ノットで滑走する醍醐味（だいごみ）には、すっかり魅了されてしまったものである。

丹羽誠一技術少佐

昭和十五年、日本海軍初の魚雷艇実験艇が進水した。実験艇なので、まだ工廠に籍があるため、実験段階では私がこの指揮をとることになった。この艇長たるや、号令で動くような訓練はうけたこともない工廠交通の艇長だから、まったく心もとない男だし、私もその時分は全般指揮航法をまがりなりにもやれるだけで、こまかい操舵号令など、とても掛けられるものではない。もっとも、それがかえって交通量の多い、横須賀港外の高速航行も比較的ぶじにすごせた原因かも知れない。

いよいよ公試である。こうなると、造船中尉の艇指揮というわけにはもういかない。このときは、兵学校出の大尉が指揮官となった。ところが、この段階で自分の発射した魚雷をひっかけて沈みかけるという事故、ついで海軍大佐の指揮でマイルポスト航走中、漁船をひっかけて死者を出すという因果な事件が相つぎ、うんざりしてしまった。

いずれにせよ、対勢変化の早い高速艇では、指揮者の号令に自分の判断をまじえずに従う操舵員を使うか、あるいは、こまかい操舵はすべて操舵員にまかせてしまう方法がよいようである。私の指揮中も、決して事故がなかったわけではないので、これは痛感したことである。

日本では当時、大馬力エンジンには逆転機はおろか、運転中に掛けはずしできるクラッチもなかった。したがって出入港は巡航機をつかい、広いところでは主機に切りかえるわけである。また工廠の造機員も、航空エンジンには不慣れでなかなか本調子では走れない。ある日、やっとエンジンのご機嫌がなおり、本格的にスピードが出た。

いい機嫌で約二時間ほど走り、帰ってきた私は、それまでの数回にわたる出動になれていたため、エンジン切りかえを甘くみてしまい、かなりのスピードで港内に入り、内港深く入ってからエンジン切りかえを発令した。ところが、主機の回転は下がったが、艇がとまらない。それればかりか、時どき回転が上がり出すしまつで、あわてて機関長席をみると、機関員がスロットルレバーをしきりに全閉にもっていこうとしている。しかし、調子よく温まったエンジンは、イグニッションスイッチを切っただけでは、なかなか停まってくれない。気がつくと、もう目の前が上陸場だ。もう舵を切って旋回する余地さえない。ちょうど、そのあたりに舫っていた鋼板を積んだ団平船に二、三度クッションして、官庁前の石垣にぶつけてやっと止めることができた。衝突したときの速力は、七ノットほどだったと思われる。それでも丈夫なもので、艇はステム、外板をいためただけで大したことはなく、乗員の方も指揮所にいた私が胸を打ったほか、二、三人がカスリ傷をうけたていどであった。

消火器を片手に試運転

ソロモン方面の戦いがはげしくなり、米魚雷艇の活躍もさかんになった。ケネディ中尉たち大学出の予備士官が活躍したころである。日本海軍も、いままではあまり重視していなかった魚雷艇であるが、これに対抗して、急速に大量建造しなければならなくなった。船体はなんとかできるが、エンジンが間にあわない。航空エンジンの生産を、こちらに廻わすわけにはいかない。

ぜんぜん別な工場で、イタリアから見本として買った魚雷艇のエンジンをまねた七一号六型という九五〇馬力のガソリンエンジンの生産をはじめたが、これがなかなか軌道にのらない。そこで、ありとあらゆる中古航空エンジンをかき集めて整備してみたのである。ところが、これもなかなかうまくいかない。なにしろ軍艦の大型ディーゼルか、せいぜい内火艇の石油発動機をあつかっていた工廠造機工がやるのだから無理もない。

やっと、整備ができて艇に積むと、こんどは艤装にひっかかる。そうこうして海上運転にこぎつけても、やれガソリンが洩れるの、やれ火災だのと、完全な調子で走れるまで、えらく時間がかかってしまう。また、船体のなかには、ザルのような水洩れのひどいものがあるが、それでも、どんどん出来てきてしまう。結局、魚雷艇の完成しないシワ寄せは造機部にきて、呉では担当の技術中尉が引責割腹するという事件まで起きてしまった。

日本の飛行機は、多く空冷エンジンを使用していたので、魚雷艇に使える中古エンジンも、いきおい空冷エンジンが多くなる。なかでも一番多くつかったのは、金星エンジンであった。ところが、この空冷エンジンの冷却が大変だった。大きなダクトをエンジンにすっぽりとかぶせ、かなりの馬力をくう冷却ファンを廻わすのだが、これで内地の試運転をきりぬけても、南方の前線では、じきに過熱してしまう。技術者の誠意を疑うなどという、手きびしい文書が前線から舞いこんだりしたものである。

また、運転に火災はつきものであった。めずらしい例では、エンジンをスタートしたところ、筩外爆発した火が、排気管から海面上に放出してビルジのガソリンにうつり、舷側をこがした例もある。

七一号六型というエンジンは、まことに難物であった。大きなキャブレターはアップドラフト式で気のきいた逆火防火装置もない。エンジンを廻わしながら調節していると、大きな火の玉がポタポタ落ちてくる。手持消火器をかまえながら運転をつづけたものである。火の玉が落ちてきて、ドリップパンで燃えだすと、回転をあげて火をエンジンに吸いこませる。火が完全に吸いこめなければ、すぐ消火剤をかける。それでも消せないときは、ハッチを閉じて密閉消火である。こんなことが、引渡しまでに必ず一、二度はあったものである。

汗だくだったペラ合わせ

銚子で魚雷艇を建造していたころ、ある日、完成した六〇〇号艦型二隻を、横須賀まで回航することになった。外房沿岸を航行していると、陸攻の編隊がつぎつぎと頭上を南へ向かっている。浦賀水道をとおって、海堡の間に入ると、驚いたことに横須賀港外から木更津方面にかけて、大小の艦船が点々と散らばっている。

港外に入るとカラッポである。とにかく、防備隊桟橋に艇をつないで、造船部に回航到着の報告に行くと、作業主任から大目玉をくった。港内にいた船を疎開させているときに、なぜ、わざわざ銚子にある艇をもってきたのかというのだ。鳩が豆鉄砲をくったような顔をしていると、サイパンに敵がやってきたのを知らないのかという。こちらは夜明け前に銚子を出たきり、ラジオももたない当時の魚雷艇である。そのうち情報皆無のわれわれに気がついたのか、持ってきてしまったものはしようがないということでケリがついた。

昭和19年６月、犬吠岬沖を試験航走するＴ38型魚雷艇(上)。Ｔ38は航空機用金星エンジン搭載全長18m、24.2トン、速力27.5ノット、13ミリ機銃１梃と魚雷２本。最も多く造られた魚雷艇。下写真は昭和19年10月、利根川下流をゆくＴ51ｂ型魚雷艇。全長32.4m、86トン、速力29ノット、25ミリ機銃３梃と魚雷２本。洋上決戦指向の大型だが主機械の不調などで８隻で建造中止

昭和十五年、当時もっとも性能の高い魚雷艇としてイタリアの標準型魚雷艇ＭＡＳ（全長十八メートル）一隻を、参考用に購入した。それまでに、同型艇数十隻を建造してきたにもかかわらず、BAGLIETTO社は、試運転には二種のプロペラを用意し、さらにこれを加工して合計四種のプロペラ試験をおこなって、その艇にもっとも適したプロペラを決定したときいている。五十ノットという高速を出すためには、一艇、一艇、これだけの神経をつかってプロペラ合わせをしているのである。

ボート屋泣かせのイザコザ

ソロモンにおける米魚雷艇対策

の一番手として、魚雷をもたない魚雷艇隼型が計画された。今日でいうMGBである。エンジンは航空に無理をいって、やっと火星一一型（船用としての出力は一〇五〇馬力）空冷エンジンを出してもらった。船型はMAS（九五〇馬力エンジン）そっくりそのままとした鋼製艇である。当然、四十ノットは軽く出るはずである。ところが最初の試運転では、十三ノットしか出ない。排水量が計画をだいぶん上まわったのと、プロペラの不適合のため、いわゆるハンプスピードが越えられなかったのである。計画を変更して、上部構造を小さくしたり、装甲鈑をへらしたりして重量を下げ、プロペラも設計しなおして、どうやら三十五ノットを出し、ラバウル方面に送り出すことができた。

昭和十九年、人間魚雷回天の試運転を追跡するため、高速艇を銚子で建造した。船体はMASそのままをコピーしたもの。エンジンもおなじくコピーした七一号型である。プロペラだけが、海軍型新設計である。こんどは武装がないのだから、排水量はMASよりかなり軽いのに、試運転速力は四十ノットにも達しない。できるだけ軽い状態をつくり、艦政本部から立会いにきた人たちも、バラストがわりに、甲板最後部にすわってもらったりして、約四十二ノットを出した。

当時、プロペラは艦本五部の仕事になっていたため、試運転の成績が悪いと、やれ型が悪い、いやプロペラが悪いといったような、イザコザが起きてきて、ボート屋を泣かせたものである。

生きている魚雷艇技術

昭和十九年の夏から、震洋という艇、通称㊃艇というのを量産した。全長五メートルのベニヤボートに自動車エンジンを積み、爆装した特攻艇である。艇が小型であったので、思いきったテストをするのに、手ごろであった。

利根川河口を抜けて、太平洋に出てみた。波崎にわたる渡し舟も運休している暴風の中を走ってみた。一挙動で艇をいっぱいに切り、その旋回もやってみた。また防材乗切りのテストもくりかえし、シャフトブラケットにプロペラガードを取りつけ、丸太を乗りきると、艇は大きくジャンプする。

この時、シャフトブラケットの位置でキールが切断され、プロペラが外板を切りさいてしまった。キールを補強しても、どうにもならない。そこで考えついたのは、全速で丸太の直前まで行き、エンジンを絞ってみることだった。自分の波に乗って、ふわりと丸太をこえる。これがコツだった。

終戦にあたって、あらゆる資料の焼却が命令されたとき、魚雷艇高速艇関係の図面や資料は、手もとにあったものだけは、どうやら救った。戦後も手をつくして、ようやく残った資料を集めておいたので、その後、モーターボートを建造するようになって、これらが活用できるようになった。また、ディーゼルボートとしての世界最高速力を出した魚雷艇一〇号の船型も、旧海軍技術研究所で研究された船型を基礎として、発展させたものである。

日本海軍補助艦艇 戦歴一覧

水上機母艦、潜水母艦、敷設艦、一等輸送艦、二等輸送艦、敷設艇、電纜敷設艇
哨戒艇、駆潜艇、水雷艇、海防艦、砲艦、特務艦、全三三二隻の太平洋戦争

戦史研究家　伊達　久

水上機母艦（七隻）

能登呂（のとろ）

大正九年八月、特務艦（給油艦）として竣工。昭和九年六月、水上機母艦となった。日米開戦時には佐世保鎮守府に所属してもっぱら輸送任務に従事し、佐世保〜南方方面の輸送に従事した。昭和十七年六月三日より佐世保〜トラック〜ラバウル間の輸送を行なった。昭和十七年十二月一日、呉を発してジャワ島スラバヤ、ボルネオ南東岸バリックパパン方面への輸送の途次、昭和十八年一月九日、セレベス島南西マカッサル海峡北口で敵潜の雷撃をうけ小破し、シンガポールに曳航されて八月二十四日まで修理を行なっていた。九月二十日、トラックへ重油輸送の途次、トラック沖で敵潜の雷撃をうけ中破し、トラックで応急修理の後、昭和十九年二月より六月まで横須賀、因島、佐世保にて修理をうけた。

昭和十九年六月二十九日、佐世保よりシンガポールへ輸送中、シンガポール沖で敵潜の雷

撃三本が命中して航行不能となり、曳航されてシンガポールで修理中の十一月五日、爆撃により大破し、そのまま終戦を迎えた。

神威（かもい）

大正十一年九月、特務艦（給油艦）として米国で建造され、昭和九年六月、水上機母艦となる。開戦時には、第十一航空艦隊第二十四航空戦隊に所属し、ギルバート、ウェーク攻略作戦に協力した。

昭和十七年一月二十日、ラバウル攻略作戦に参加し、以後三月末までニューブリテン島中部南岸スルミや東部ニューギニアのラエ、サラモア攻略部隊に対する補給およびソロモン方面の索敵に従事した。四月一日、マーシャル方面にて十四空の哨戒索敵に協力した。六月二十九日より七月二十四日まで舞鶴で整備した後、十二月末までマーシャル方面で航空隊基地転進の輸送、重油補給に従事した。

昭和十八年一月五日、ルオットより木更津へ第二十四航空戦隊の転進輸送を行なった。一月二十五日、呉を出港して南方各地への輸送任務に従事した。昭和十九年一月二十八日、マカッサル付近にて敵潜の雷撃をうけ大破、シンガポールで修理中に水上機母艦としての施設を撤去して、四月十五日、特務艦（三二七頁参照）となった。

千歳（ちとせ）

昭和十三年七月二十五日竣工。基準排水量一万一〇二三トン、全長一九二・五メートル。速力二十九ノット、連装高角砲二基、連装機銃六基、水偵二十四機、補用六機、射出機四基。

開戦時には第十一航空戦隊に所属して南部フィリピン攻略戦に参加。昭和十七年一月より三月まで蘭印各地の攻略作戦に参加した。三月十五日よりニューギニア各要地の攻略に参加した後、五月一日、佐世保に帰港して整備をうけ、ミッドウェー作戦に参加した。昭和十七年八月、トラックへ進出して第二次ソロモン海戦に参加したが、敵機の至近弾により損傷をうけ、九月二十日までトラックにて修理を行なった。この間、水上機隊はショートランドへ進出した。その後、舞鶴第四特別陸戦隊をトラックよりショートランドへ輸送、ついでガダルカナル島増援作戦に従事した。

昭和十七年十一月十五日、佐世保に帰港して、航空母艦への改装工事に着手し、昭和十八年八月一日、航空母艦となった。

千代田（ちよだ）

昭和十三年十二月二十五日竣工。日米開戦時には連合艦隊付属で昭和十六年十二月二十二日まで呉で入渠整備した後、昭和十七年四月まで内海にて甲標的（特殊潜航艇）訓練に従事した。

四月二十四日より甲標的をトラックへ輸送し、同地にて訓練に従事した。ミッドウェー作戦に参加。六月二十八日、横須賀よりキスカへ甲標的、飛行機、軍需品などを輸送した。七月十九日より内海西部にて甲標的訓練に従事した。九月三十日にはトラックへ進出し、ガダルカナル島に対する甲標的輸送ならびに基地整備のためショートランドへ進出し、同作戦に寄与した。

昭和十七年十二月二十八日、呉に帰港し、横須賀へ回航されて航空母艦への改装工事に着手し、昭和十八年十二月二十一日、航空母艦となった。

瑞穂（みずほ）

昭和十四年二月二十五日竣工。開戦時には第十一航空戦隊に所属して、千歳と同行動で南部フィリピン攻略作戦に協力し、昭和十七年一月よりメナド、ケンダリー、アンボンなど各地の攻略作戦に参加。二月のスラバヤ攻略戦に参加した後、三月二十八日、横須賀に帰港、五月一日まで修理を行なった。昭和十七年五月一日、横須賀を出港して柱島へ回航中、御前崎の二二〇度四十浬（かいり）の地点において米潜ドラムの雷撃をうけ、翌二日に沈没した。

日進（にっしん）

昭和十七年二月二十七日に竣工後、約半月を内海西部で訓練に従事した後、昭和十七年四月二十六日、甲標的を搭載してマレー西岸沖のペナンに進出した。ミッドウェー作戦に参加した後、九月七日よりダバオをへてラバウル、ショートランドへ輸送作戦を行なった。以後、ガ島増援作戦に三回従事した。十一月には設営隊などを輸送し、十二月は横須賀よりラバウルへ八連特を輸送した。

昭和十八年一月、内地〜トラック間の輸送に従事した。二月二十日より四月九日まで内地で訓練および舞鶴で入渠整備を行ない、ついでスラバヤをへてラバウルへ魚雷艇を輸送した。五月二十九日より呉〜幌筵間の舟艇輸送に従事したのち、キスカ撤収作戦支援のため幌筵、大湊に待機した。

昭和十八年七月十日、内地を出港しトラック、ラバウルをへてブインへ向かう途中の七月二十二日、ショートランド北水道にて敵機一〇〇機以上と交戦し、被弾により沈没した。

秋津洲（あきつしま）

飛行艇の整備補給や修理救難にあたる飛行艇母艦として昭和十七年四月二十九日竣工。第十一航艦二十五航戦に編入され、昭和十七年五月十五日に横須賀を出港してサイパンまで人員輸送後、ラバウルへ進出。八月十六日よりショートランドを基地としてソロモン方面作戦に従事した。

昭和十八年一月十五日、横須賀を出港し、ニューアイルランド島カビエンへ飛行機、人員物件輸送に従事した後、ショートランドへ進出して、本来の任務の大艇母艦となった。その後、二〇一空を内南洋方面へ転進輸送したのち、八〇二空の大艇母艦任務に従事した。六月三十日より横須賀〜幌筵間を八〇一空の基地物件を輸送したのち、幌筵でキスカ撤収作戦支援のため待機した。八月二十九日、八〇一空の基地物件を幌筵より横須賀へ輸送し、その後、陸軍部隊を上海よりトラックへ輸送した。

昭和十九年二月八日より陸軍部隊をトラック東方ポナペ島に二回輸送した。二月十七日、トラックで空襲をうけて中破し、三月十四日より八月三十日まで横須賀、呉にて修理を行なった。九月二十三日、高雄、マニラをへてミンドロ島南西方ブスアンガ島のコロン湾に進出したが、翌二十四日、コロン湾において艦上機三十機の攻撃をうけ沈没した。

潜水母艦（六隻）

迅鯨（じんげい）

大正十二年八月末、水雷母艦として竣工。大正十三年十二月、潜水母艦となる。基準排水量五一六〇トン、全長一二五・四メートル。速力十六ノット、航続十四ノット一万四〇〇浬、一四センチ連装砲二基、八センチ高角砲二基、乗員三六五名。

日米開戦時には第四艦隊第七潜水戦隊に所属し、内南洋方面にて訓練待機した。昭和十七年四月より横須賀にて修理後、ふたたびトラックへ進出し訓練整備した。七月十四日、第八艦隊第七潜水戦隊に編入され、八月十三日、ラバウルへ進出した。昭和十八年一月十三日、呉に帰港し、呉鎮守府練習潜水隊に編入され、潜水学校教務練習艦として内海に出動して訓練に従事した。

昭和十九年八月十一日より南西諸島方面作戦輸送に従事した後、九月十九日、佐世保を出港して那覇に向けて航行中、沖縄の西方八十浬において米潜の雷撃をうけて航行不能となり、本部半島西端沖の瀬底に曳航された。十月十日、瀬底において艦上機の攻撃をうけ沈没した。

長鯨（ちょうげい）

大正十三年八月二日、水雷母艦として竣工。大正十三年十二月、潜水母艦となる。開戦時には第三艦隊第六潜水戦隊に属し、海南島の三亜より仏印東岸のカムラン湾へ向け航行中であった。十二月三十一日、カムラン湾より馬公をへてミンダナオ島ダバオへ進出し、その後セレベス島南東岸スターリング湾に進出して補給哨戒に従事していたが、昭和十七年四月一日、佐世保に帰港した。四月十日、呉鎮守府部隊に編入され潜水学校教務訓練に従事した。
昭和十八年一月十五日、迅鯨と交代して第八艦隊第七潜水戦隊旗艦となり、十九日、呉を出港してトラックで一ヵ月警泊した後、二月十四日、ラバウルへ進出して同方面における潜水母艦として任務に従事した。十一月二十五日、呉に帰港し、二十九日、第六艦隊第十一潜水戦隊旗艦となり、内海西部で訓練に従事した。
昭和十九年八月一日より九月末まで、沖縄方面への輸送を二回おこなった後、内海西部で訓練に従事した。昭和二十年六月四日、舞鶴に回航され、同方面で行動中の七月三十日、若狭湾伊根付近で艦上機四十五機の攻撃をうけて大破し、そのまま終戦を迎えた。

大鯨（たいげい）
昭和九年三月末竣工。開戦後まもなく予備艦となって横須賀で航空母艦への改装工事に着手し、昭和十七年十一月三十日、航空母艦龍鳳となった。

剣埼（つるぎざき）
昭和十四年一月十五日、竣工。開戦時はすでに横須賀鎮守府特別役務艦として横須賀で航空母艦への改装工事中で、昭和十六年十二月二十二日、航空母艦祥鳳となった。

駒橋（こまはし）
大正三年一月、雑役艦の駒橋丸として竣工。大正三年八月、軍艦となり、大正九年に水雷母艦、大正十三年十二月、潜水母艦となる。開戦時には横須賀鎮守府部隊として護衛に従事した。

昭和十七年七月、五艦隊に編入されアリューシャン方面行動、九月二十九日にはキスカ北方で敵機の攻撃をうけ小破。十一月一日、ふたたび横須賀鎮守府部隊に所属して横須賀～神戸間を船団護衛しての往復が主な任務であった。昭和十九年一月より紀伊半島中部東岸の尾鷲を基地として行動した。昭和二十年七月二十七日、尾鷲において敵機の攻撃をうけ大破し、そのまま尾鷲で終戦を迎えた。

敷設艦（十一隻）

韓崎（からさき）

明治三十七年二月、日露開戦により釜山沖でロシア艦エスカリノスラブを拿捕。明治三十九年三月に軍艦韓崎と命名、二等海防艦となる。大正十三年十二月から潜水母艦となり、練習艦として訓練に従事したが、昭和九年十一月には予備艦となり除籍された。

常磐（ときわ）

明治三十二年五月、一等巡洋艦として英国で竣工。大正十一年九月末、敷設艦となる。開戦時には第四艦隊第十九戦隊に所属、マーシャル方面防備部隊として機雷敷設および哨戒に従事した。

昭和十七年二月一日、クェゼリンにて機動部隊の空襲をうけ、直撃一、至近弾三により外舷大破の被害をうけ、佐世保へ回航されて四月末まで修理を行なった。六月十一日、トラックをへてクェゼリンに進出し、同方面の防備部隊に編入された。昭和十八年六月五日、横須賀に帰港し、その後、佐世保で修理整備して、七月二十日、大湊に回航されて十二月末まで訓練に従事した。昭和十九年一月二十日、海上護衛総司令部第十八戦隊に編入され、東シナ海で機雷敷設に従事した。昭和二十年四月十四日、佐伯を出て部崎（へさき）の一二四度八浬（かいり）にて触雷して小破した。七月四日、舞鶴をへて大湊に回航され同方面で行動中の八月九日、大湊において敵機の攻撃をうけ擱座のまま終戦を迎えた。

厳島（いつくしま）

昭和四年十二月二十六日竣工。開戦時には第三艦隊第十七戦隊に所属、パラオにて警泊し、昭和十七年一月三日よりダバオ、ボルネオ東岸のタラカンやバリックパパン方面に行動して、機雷敷設および掃海作業を支援した。三月十日、第三南遣艦隊主隊となり、蘭印方面で海上保護の任務についた。

十二月一日よりクーパン、ニューギニア中部北岸ホーランジアに陸戦隊を輸送し、昭和十八年一月にはホーランジア航空基地設営に協力した。ついで友鶴を護衛してスラバヤに帰港した。三月よりボルネオ中部北岸ミリ泊地の機雷敷設、護衛任務に従事し、七月よりロンボック海峡、カーニコバル島で防備機雷を敷設した。九月より昭和十九年一月までパラオ、シンガポール、スラバヤ方面に行動して機雷敷設と船団護衛に従事。三月より五月までダバオ〜パラオ間の敷設作業を行なった後、比島方面へ軍需品輸送に従事した。八月スラバヤ方面へ軍需品を輸送した後、ハルマヘラ島カウ湾で機雷敷設に従事。八月二十四日、セレベス島北東端のビートンにてB25と交戦して中破した。九月二日、被曳航中ふたたびB25と交戦して被弾した。

昭和十九年十月七日、スラバヤに向け被曳航中、南緯五度三七分、東経一一二度四八分にて潜水艦の雷撃をうけ沈没した。

八重山（やえやま）

昭和七年八月末竣工。基準排水量一一三五トン、全長九十三・五メートル、速力二十ノット、航続十四ノット三千浬。一二センチ高角砲二基、一三ミリ機銃二基、機雷一八五個、乗員一八〇名。

開戦時には第三艦隊第十七戦隊に所属しスリガオ海峡で機雷敷設した後、ルソン島方面で船団護衛に従事した。昭和十七年一月三日、第三南遣艦隊所属となり、その後、比島、台湾方面に行動して機雷敷設、船団護衛を行なった。

昭和十九年九月二十四日、ミンドロ島南端において艦上機約三十機と交戦し、被爆により浸水して航行不能となり、さらに火災により沈没した。

沖島（おきのしま）

昭和十一年九月末竣工。基準排水量四千トン、全長一二四・五メートル、速力二十ノット、航続十四ノット九五〇〇浬、一四センチ連装砲二基、八センチ高角砲二基、連装機銃二基、機雷五〇〇個、乗員四四五名。

開戦時には第四艦隊第十九戦隊に所属してギルバート諸島マキン島を占領し、昭和十七年一月二十三日、ラバウル攻略戦で陸戦隊を揚陸した。

二月四日、トラックに帰港して整備作業した後、五月三日、ツラギに陸戦隊を揚陸して占領した。翌四日、艦上機の来襲をうけ、これと交戦したが、至近弾により多数の破孔を生じた。五月十日、ラバウルを出港し、明くる十一日、ブカ島西方三十二浬の地点において、米潜S42の雷撃をうけて沈没した。

津軽（つがる）

昭和十六年十月二十二日、竣工と同時に第四艦隊第十九戦隊に所属し、開戦時グアム島の攻略作戦に参加、ついで第二次ウェーク攻略作戦、ラバウル攻略戦に参加した。昭和十七年二月二十日よりラエ、サラモア攻略作戦に参加。三月十日、ラエ沖にて敵機の攻撃により直撃弾一の被害をうけ、四月一日より横須賀にて修理。四月二十三日、横須賀を出港してモレスビー攻略作戦に参加した。

昭和十七年七月十四日、第八艦隊付属となり、ラバウルに警泊していたが、ガダルカナル島輸送に三回従事した後、ショートランドに進出してニュージョージア島ムンダ輸送作戦に従事した。

昭和十八年二月二十五日、ラバウルにて爆撃により被弾し、三月十九日より五月二十四日まで横須賀で修理をうけ、その後ふたたびラバウルへ進出して同方面で行動した。八月五日、ラバウルよりトラックへの輸送任務中、ラバウルの北北東三四〇浬において敵潜の雷撃をうけ、ラバウルへ引き返して応急修理した後、横須賀に回航され十一月二十七日までかかって修理をうけた。

十二月一日、第三南遣艦隊に編入され、軍需品を搭載して佐世保よりマニラをへて、シンガポールに進出した。

昭和十九年一月、ペナン沖に機雷敷設した後、比島、シンガポール方面で輸送任務に従事した。五月、佐世保で整備したのち六月ビアク増援部隊に編入され、六月八日、ニューギニア西端ソロンに輸送物件を揚陸後、同方面で行動中の六月二十一日、敵潜の雷撃をうけ、その応急修理をしたのちの六月二十九日、マニラへ向けて航行中、モロタイ水道北口で米潜ダーターの雷撃をうけ沈没した。

箕面（みのお）

昭和二十年八月五日に竣工したので戦歴はなく、海上護衛総司令部に編入され無傷のまま呉で終戦を迎えた。

白鷹（しらたか／急設網艦）

昭和四年四月九日竣工。開戦時には第三艦隊第一根拠地隊（一根）旗艦としてダバオ、ケンダリー方面で行動した。昭和十七年三月十日、第二南遣艦隊（二南遣）第二十一特別根拠地隊（二十一特根）となり、スラバヤ方面に行動し、掃海ならびに防潜網敷設作業を支援した。

昭和十七年八月七日、第八艦隊付属となり、昭和十八年三月までラバウル、ウエワク方面に行動した。十八年二月二十六日、ニューギニア中部北岸のウエワクで爆撃をうけ三月二十九日より六月十七日まで呉で修理をうけた。七月五日より昭和十九年二月十七日までの間ウエワク、ホーランジア方面への輸送作戦に十六回従事した。

急設網艦・白鷹。迅速に機雷付き防潜網を展張する敷設艦で機雷の敷設も可能

昭和十九年三月より五月末まで呉で修理整備した。その間に第一海上護衛隊に編入され、佐世保、高雄方面において船団護衛中の八月三十一日、北緯二一度一一分、東経一二一度一七分において米潜シーライオンの雷撃をうけて沈没した。

初鷹（はつたか／急設網艦）

昭和十四年十月末竣工。基準排水量一六〇〇トン、全長九十一メートル、速力二十ノット、航続十四ノット三千浬、連装機銃二基、機雷一〇〇個または防潜網二十四組、乗員一九九名。

開戦時には南遣艦隊第九根拠地隊に所属し、仏印方面の哨戒任務に従事した。

昭和十七年二月よりシンガポール、マラッカ海峡の水路啓開および船団護衛に従事した。六月にはニコバル諸島攻略作戦、ついでマラッカ海峡で船団護衛に従事した。九月三十日、ラバウル方面へ進出し、対潜警戒の任務につき、ついでショートランドに進出した。

昭和十八年四月、第九特別根拠地隊（九特根）に編入され、ペナン、スマトラ、シンガポール方面で対潜警戒に従事した。

昭和十九年七月一日よりシンガポール、仏印方面において船団護衛に従事し、八月よりペナン、シンガポールにて整備作業した後、同方面において機雷敷設に従事した。十二月より同方面にて補給輸送任務についた。昭和二十年五月十六日、船団を護衛中、マレー沖の北緯四度四九分、東経一〇三度三一分の地点において、米潜ホークビルの雷撃をうけて沈没した。

蒼鷹（あおたか／急設網艦）

昭和十五年六月末竣工の初鷹型二番艦で、開戦時には第三艦隊一根に所属してレガスピー、ケンダリー、マカッサル攻略作戦に参加した。

昭和十七年三月十日、第二南遣艦隊二十三特根付属となり、マカッサル、スラバヤ方面で海上交通保護に従事した。昭和十八年八月より十九年五月まで蘭印方面において船団護衛に従事すること計十一回におよんだ。六月にはマニラ、高雄方面で船団護衛に従事した後、六月末より舞鶴で入渠整備を行なった。

昭和十九年八月十六日、佐世保を出港し、マニラに向け船団護衛を行ない、九月二十一日、マニラにおいて艦上機の攻撃をうけたが被害はなかった。九月二十六日、ボルネオ北西方において米潜パーゴの雷撃をうけ沈没した。

若鷹（わかたか／急設網艦）

昭和十六年十一月末に竣工し、竣工と同時に第三艦隊二根に所属し、開戦時リンガエン上陸作戦を支援した。昭和十七年一月六日よりタラカン、バリックパパンへの船団護衛に従事した。三月十日、第二南遣艦隊二十二特根付属となり、七月末まで蘭印方面において船団の護衛に従事した。

昭和十七年八月二十一日、第八艦隊八根に編入されラバウルへ進出し、ラバウル〜ショートランド間、パラオ〜ラバウル間の船団護衛に従事した。昭和十七年十二月二十九日、二南遣二十五特根に編入され、主としてアンボンにあって同方面の船団護衛を昭和十八年末までに計二十九回おこなった。

昭和十九年一月より九月までハルマヘラ島カウ湾、アンボン方面において船団護衛に従事した。九月十五日より十月四日セレベス島北東端ビートン発の厳島の曳航作業に従事し、十月十七日、スラバヤへ曳航中に被雷した。翌十八日より昭和二十年三月八日までスラバヤで修理をうけた。三月二十七日、スラバヤ〜アンボン間を往復中、被雷により一番砲塔前方を切断する被害をうけ、四月二日よりスラバヤに入渠していたが、そのまま終戦を迎えた。

勝力（かつりき）

大正六年一月、敷設船として竣工。大正九年四月、敷設艦として呉鎮守府籍に編入された。昭和十年七月、呉鎮部隊測量艦となり、以後、支那海や南洋方面の測量にあたり、開戦時は内海西部で待機していた。昭和十七年三月十六日、第三測量隊および器材を搭載して横須賀を出発し、シンガポールへ進出してマラッカ海峡方面の測量に協力した。ついで六月八日よりビルマ方面で測量に協力していたが、七月二十日、敷設艦より特務艦（三二五頁参照）となり、昭和十九年九月二十一日、マニラ南西方において敵機の攻撃をうけ沈没した。

一等輸送艦（二十一隻）

一号輸送艦

昭和十九年五月十日に三菱横浜造船所で竣工（基準排水量一五〇〇トン、全長九十六メートル、速力二十二ノット、航続十八ノット三七〇〇浬、連装高角砲一、機銃十五門、爆雷十八個、乗員一四八名）した後、訓練に従事した。五月二十九日、館山を出港してサイパンに向かい、六月十一日、パラオ行きの船団を護衛してサイパンを出港したが、十三日、艦上機の攻撃をうけて被弾のため航行不能となり、明島丸に曳航されて十八日、パラオに帰投した。七月十八日、敵上陸にそなえてパラオのマラカル島に連なるガランゴル島の北側錨地で海上砲台となる。七月二十九日、艦上機の攻撃をうけ直撃弾四発によりパラオで沈没した。

二号輸送艦

昭和十九年六月二十五日に三菱横浜で竣工した後、横須賀、下田で訓練に従事した。七月十四日、父島、硫黄島に向かう船団を護衛して横須賀を出港し、二十四日、ぶじ横須賀に帰投した。

七月二十九日ふたたび父島に向け船団を護衛して横須賀を出港し、八月二日、父島近海において船団とわかれて硫黄島に向かったが、荒天のため揚陸できず、八月三日、父島の二見港に入港した。明くる四日、二見港で艦爆約五十機の攻撃をうけ被弾により浸水して座礁。五日にも艦上機の攻撃をうけてこれを撃退したが、荒天は止まずウネリのため岩礁に激突し、ついに沈没した。

三号輸送艦

昭和十九年六月二十九日、呉工廠で竣工し、訓練するまもなく比島への輸送任務についた。九月十四日、ミンダナオ島ダバオへ輸送物件を揚陸した後、同島南端のサランガニ海峡接岸航行中、チナカ岬灯台八八度四・五浬(かいり)において触礁して航行不能となった。明くる十五日、米潜グァヴィナより魚雷四本をうけ、うち二本は後部に命中してタンクが破裂し、炎上により沈没した。

四号輸送艦

昭和十九年六月十五日、呉工廠で竣工したのち横須賀に回航され、六月二十八日、横須賀〜父島間の輸送任務に従事した。

七月七日より硫黄島への輸送任務に二回従事した。七月二十九日発の硫黄島への輸送任務の帰途、八月四日、兄島西方海面において艦上機四十機と交戦し、被弾により大破炎上して父島湾に擱座したが、船体は浸水して全没した。

五号輸送艦

昭和十九年八月五日、呉工廠で竣工し訓練をうけた後、八月三十日に呉を出港して比島への輸送任務についた。九月十四日、ダバオを出港し、グラマン二十機と交戦して左舷後部に爆弾三発が命中して沈没した。

六号輸送艦

昭和十九年八月十九日、呉工廠で竣工して約一ヵ月訓練した後、九月十二日、マニラへ向け甲標的と軍需品輸送のため呉を出港した。

九月二十四日、マニラを出港するとき敵機のべ一五〇機と交戦して損傷をうけたが、ボルネオ北岸ブルネイに進出した。帰途、甲標的などを搭載してセブに寄港して、十月八日、マニラに帰投した。十月二十三日、マニラを出撃し、第一次多号作戦（オルモック輸送）に参加、それを成功させて二十六日、ぶじマニラに帰投した。

十月三十一日、第二次多号作戦に参加、陸兵三五〇名の揚陸に成功し、十一月二日、マニラに帰投した。そのころ連日、敵機の攻撃をうける。十一月八日には第四次多号作戦に参加、ついで新南群島（南沙諸島）より人員輸送に従事した。十一月二十四日、マニラを出撃して、第五次多号作戦に従事したが、明くる二十五日、ミンドロ島東方マリンドゥケ島パラナカン湾に避泊中、戦爆のべ五十機と交戦して被弾により誘爆を起こして沈没した。

七号輸送艦

昭和十九年八月十五日、三菱横浜造船所で竣工。八月三十日、硫黄島へ向け横須賀を出港し、船団護衛ならびに輸送任務に従事した。九月十三日より横須賀〜八丈島間の輸送任務に従事した。九月二十一日以後、横須賀〜父島間の輸送任務に従事すること七回におよんだ。

十二月二十二日、父島、硫黄島へ向け横須賀を出撃して二十七日、硫黄島において荷役中、巡洋艦三隻、駆逐艦四隻の艦砲射撃をうけ擱座炎上し大破した。

八号輸送艦

昭和十九年九月十三日、三菱横浜で竣工。九月二十日より十一月十九日まで横須賀～父島～硫黄島間の輸送任務に従事した。ついで十一月二十八日よりふたたび横須賀を出撃して、父島、硫黄島方面への輸送に従事中の十二月二十四日、硫黄島よりの帰途、父島の南南西約七十浬の地点において、敵艦隊の艦砲射撃をうけて沈没した。

九号輸送艦

昭和十九年九月二十日、呉工廠で竣工して訓練した後、佐世保よりマニラへ進出した。十月二十四日、ミンダナオ島北岸のカガヤンよりレイテ島オルモックへ陸軍部隊の輸送に従事し、以後二、四、五、七次多号作戦に参加(十号輸送艦と同行動)した。

十二月一日、マニラを出港してオルモック南方イビルへ陸軍部隊を輸送の途中、四日に駆逐艦三隻ならびに魚雷艇四隻と交戦した。九日、九次多号作戦に従事したが、オルモックは米軍が上陸しており、セブに揚陸を行なった。十二月、マニラ～サンフェルナンド(ルソン中部西岸)間の輸送に二回従事した。この間、連日敵機の攻撃をうけた。

昭和二十年一月十六日、香港をへて佐世保に帰投した。呉で整備した後、二月二十一日に横須賀に回航され、七月二十九日までに横須賀～八丈島～父島間の輸送に十二回従事した。八月十二日、横須賀を出港、佐伯へ海龍の輸送任務に従事し、佐伯をへて八月十五日に呉に入港して終戦を迎えた。

十号輸送艦

昭和十九年九月二十五日、呉工廠で竣工した後、第九号と同行動で十月十五日、佐世保を

第９号一等輸送艦の後部。艦尾を横断する波除けブルワークと機銃は着脱式で、上甲板に２条の大発発進用軌条の中央に爆雷投下軌条。隣りは海防艦・沖縄で、艦橋上に測距儀、後檣後方に12cm連装砲、後甲板には爆雷が並んでいる

出撃して二十一日、マニラに入港した。二十三日、マニラを出港してカガヤンより陸軍部隊をオルモックへ輸送し鬼怒、浦波の乗員を救助して二十七日、マニラに入港した。

十月三十一日、マニラを出撃して第二次多号作戦に参加し、揚陸に成功した。十一月八日、マニラを出撃して第四次多号作戦に参加し、陸軍部隊四八〇名を揚陸して十二日、マニラに帰投した。十三日夜、マニラを出港して新南群島（南沙諸島）で伊勢、日向の便乗者を移乗してマニラに帰投した。二十四日、第五次多号作戦に参加。明くる二十五日、マリンドゥケ島パラナカン湾で仮泊中、敵機四十機の攻撃をうけ沈没した。

十一号輸送艦

昭和十九年十一月五日、呉工廠で竣工。十一月十九日に呉を出撃、マニラへ作戦輸送を行なった。十二月五日、マニラを出港して八次多号作戦に従事中の十二月七日、レイテ島北西岸サンイシドロにおいて揚陸をほぼ完了した後、敵機の攻撃をうけて擱座した。

十二号輸送艦

昭和十九年十一月十一日、呉工廠で竣工。十一月二十三日に呉を出撃し、マニラへ作戦輸送を行なった。十二月十二日、比島より内地へ帰投中、高雄の南東方約二〇〇浬の地点において、米潜ピンタードの雷撃をうけて沈没した。

十三号輸送艦

昭和十九年十一月一日、三菱横浜造船所で竣工。十一月十三日より横須賀〜八丈島間の輸送に従事し、ついで二十日より父島、硫黄島へ輸送を六回おこなった。

昭和二十年二月五日、横須賀を出撃して硫黄島に向かい、二月十一日、硫黄島でB25と交戦して被弾により火災を起こして中破した。三月、横須賀において修理され、その後、二回八丈島へ輸送を行なった。五月五日、佐世保鎮守府部隊となり、六月三日、佐世保に回航して整備訓練した後、七月十日、対馬への輸送を行ない擱座したが、七月十六日より佐世保で修理して終戦を迎えた。

戦後、復員輸送に従事したのちソ連へ引き渡された。

十四号輸送艦

昭和十九年十二月十八日、呉工廠で竣工。内海西部で訓練した後、昭和二十年一月六日、マニラへの輸送任務のため呉を出港し、敵機の攻撃をさけて中国の沿岸、杭州湾、厦門（アモイ）、馬公をへて一月十四日、高雄に進出した。だが、明くる十五日、高雄において艦上機十八機の銃爆撃をうけ、搭載中の爆弾が誘爆して沈没した。

十五号輸送艦

昭和十九年十二月二十日、呉工廠で竣工。昭和二十年一月十三日、基隆にむけ呉を出港し、一月十七日、鹿児島へ向かう途中、奄美大島北方の北緯三一度八分、東経一三〇度二八分の地点において、米潜タウドグの雷撃をうけて沈没した。

十六号輸送艦

昭和十九年十二月三十一日、三菱横浜で竣工。昭和二十年一月十九日より横須賀～八丈島間の輸送任務に従事、ついで二十七日より硫黄島への輸送に二回従事し、帰途の二月十六日、新島沖で艦上機八十機と交戦して船体は小破し、二月二十日より三月二十日まで横須賀で修理を行なった。

三月、四月、五月にそれぞれ一回、八丈島へ輸送を行なった。六月十七日、八丈島へ輸送中、伊豆大島の一〇〇度一五浬の地点で敵機と交戦して被弾により小破した。六月二十日より横須賀で修理を行なったが、そのまま終戦を迎えた。戦後は復員輸送ののち中国へ引き渡された。

十七号輸送艦

昭和二十年二月八日、呉工廠で竣工。佐伯、呉で訓練した後、三月十六日より二十七日まで沖縄へ蛟龍、軍需品などの輸送に従事した。三月三十一日より奄美大島への挺身輸送に従事し、四月二日、軍需品の揚陸終了後、奄美大島瀬相湾内にて艦上機六十機と交戦し誘爆により沈没した。

十八号輸送艦

昭和二十年二月十二日、呉工廠で竣工。内海西部で訓練した後、三月十日、光に回航され回天を搭載して佐世保に入港した。三月十六日に佐世保を出港し、沖縄へ輸送に向かう途中の三月十八日、北緯二七度〇分、東経一二七度一五分の地点において、米潜スプリンガーの雷撃をうけて沈没した。

十九号輸送艦

昭和二十年五月十六日、呉工廠で竣工。呉方面で回天基地物件の輸送に従事して、そのまま無傷で呉で終戦を迎えた。復員輸送に従事したのち英国へ引き渡され、浦賀で解体された。

二十号輸送艦

昭和二十年四月二十三日、呉工廠で竣工。宮崎南部の油津や四国に回天輸送を行なった。五月二十五日、横須賀に回航され、二十九日より六月十五日までの間に八丈島へ回天を二度輸送。以後、横須賀で整備して海龍を呉へ輸送。八月五日、大津島沖で触雷したが軽微な損傷であった。呉に回航して終戦を迎えた。復員輸送中の昭和二十一年九月、澎湖諸島吉見山嶼で座礁放棄された。

二十一号輸送艦

昭和二十年七月十五日、呉工廠で竣工。八月八日まで呉方面にて訓練に従事した。八月九日に呉を出港して輸送任務に従事中の八月十日、愛媛県神和村海岸において、艦上機の攻撃をうけ被弾により沈没した。

二等輸送艦（四十九隻）

一〇一号輸送艦

昭和十九年三月八日、大阪造船所で竣工（基準排水量九五〇トン、全長八十・五メートル、速力十三・四ノット、十三・四ノット三千浬、高角砲一、三連装機銃二基、乗員九十名）。呉において整備訓練した後、五月二十日に呉を出港し、基地物件を搭載して高雄、マニラ、ハルマヘラ島カウ湾をへて六月十三日、アンボンに入港して輸送物件を揚陸した。六月三十日、アンボン〜スラバヤ間の輸送に従事。七月十五日よりスラバヤ〜マニラ間の輸送に従事した。八月二十四日、マニラより各地をへてスラバヤに輸送した。十月三日よりスラバヤ〜マニラ間の輸送に従事し、十月二十四日、ミンダナオ島北岸カガヤンよりオルモックへ陸軍部隊の輸送に成功した。ついで二十六日、ボホール島南西岸タグビランより陸軍部隊をオルモックへ輸送し、十月二十八日、オルモックで揚陸中、敵機三十機と交戦し被弾により火災を起こして沈没した。

一〇二号輸送艦

昭和十九年三月十五日、大阪造船所で竣工。七月九日、スラバヤに到着するまで一〇一号と同行動をとった。七月二十四日よりスラバヤ〜チモール間の輸送に従事、八月十七日よりボルネオ東南岸バリックパパンをへてマニラにドラム缶を輸送した。九月二十四日、コロン湾にて対空戦闘を行ない、そのとき小破し、マニラで修理作業を行なった。十月二十四日、カガヤンよりオルモックへ陸軍部隊の輸送に従事。二十六日、揚陸に成功したその帰途、ネグロス島西方ギマラス海峡で敵機の攻撃をうけ沈没した。

一〇三号輸送艦

昭和十九年四月三十日、大阪造船所で竣工。横須賀に回航された後、六月十五日に横須賀を出港して硫黄島へ輸送任務中の七月四日、硫黄島付近で敵機の攻撃をうけて沈没した。

一〇四号輸送艦

昭和十九年五月二十五日、大阪造船で竣工。六月二十四日、呉より横須賀へ回航され、二十六日より硫黄島、父島への輸送に従事した。七月四日、父島にて艦上機と交戦して小破し

最初に完成した二等輸送艦４隻。左より150号、101号、127号、149号でディーゼル艦。二等輸送艦は主機タービン１基１軸(SBTと称した)の計画だったが最初の６隻(102号、128号)は主機が間に合わずディーゼル３基３軸を搭載した(SBD)。海岸等に直接擱座、艦首の門扉兼揚陸用道板を前方に展開、戦車等を揚陸するため艦首先端に指揮ボックス。艦橋前方が搭載用船倉

た。

七月十八日より十月二十二日まで横須賀～硫黄島～父島間の輸送に四回従事し、戦車などを輸送した。十一月二十五日、呉よりマニラへ向けて輸送の途次の十二月十五日、ルソン島西岸サンフェルナンド沖において大型機三十機と交戦し、被爆により炎上して沈没した。

一〇五号輸送艦

昭和十九年六月十五日、大阪造船で竣工。六月二十三日より横須賀～父島～硫黄島間の輸送に従事したが、九月一日、父島において艦砲射撃により小破した。十月十一日、静岡県南方において米潜トレパンの雷撃をうけて沈没した。

一〇六号輸送艦

昭和十九年六月三十日、大阪造船で竣工。整備訓練した後、九月十日より横須賀～父島～硫黄島間の輸送に従事した。十月九日、硫黄島において荒天のため損傷し、横須賀で修理した後、十一月

十六日に横須賀を出港して呉、佐世保、高雄をへてマニラへ進出する予定であったが、十二月十五日、リンガエン湾において敵機三十機と交戦して、被爆により火災を起こして沈没した。

一〇七号輸送艦

昭和十九年七月二十日、大阪造船所で竣工。約三ヵ月整備訓練した後、十月二十三日より横須賀～父島～硫黄島間の輸送に従事した。昭和二十年一月五日、母島西岸において敵艦隊の艦砲射撃をうけ沈没した。

一〇八号輸送艦

昭和十九年七月三十一日、大阪造船で竣工。九月十日より十月二十一日まで横須賀～父島～硫黄島間の輸送に従事した。十一月十六日、横須賀を出港して輸送任務のため佐世保をへてマニラに進出した。同方面において輸送に従事した後、昭和二十年一月九日、香港に入港した。一月十六日、香港で敵機の攻撃をうけ中破した。以後、同方面において行動して香港で終戦を迎えた。

一一〇号輸送艦

昭和十九年九月五日、大阪造船で竣工。九月二十二日、横須賀に回航され、十月二日より硫黄島への輸送に従事した。十一月は父島～硫黄島間の輸送に従事し、十二月一日より横須賀～硫黄島間の輸送に従事、九日より横須賀で修理した。

その後は八丈島への輸送など近海の輸送に従事し、昭和二十年五月三十一日、大島付近で敵機の攻撃をうけ中破した。昭和二十年七月、横須賀で爆撃により損傷をうけ、その修理がすすめられていたが、そのまま終戦を迎えた。戦後は修理されて復員輸送に従事した後、賠償艦として英国へ引き渡された。

一一一号輸送艦

昭和十九年九月十五日、大阪造船で竣工して佐世保に回航され、十月二十一日、佐世保を出港して高雄をへてマニラへの輸送護衛任務に従事し、十一月七日、マニラに進出した。十一月二十日発レイテ輸送に従事中の二十四日、マスバテ島で敵機三十機と交戦し、被弾により炎上して沈没した。

一一二号輸送艦

昭和十九年九月三十日、大阪造船所で竣工して佐世保に回航され、十月二十七日、佐世保～高雄間の輸送に従事。十一月三日に高雄を出港してマニラに向かう途中の十一月五日、ルソン島西岸ボンドジール岬で座礁した。以後、離礁作業をつづけたが、昭和二十年一月七日、座礁のまま敵機の攻撃をうけ沈没した。

一一三号輸送艦

昭和十九年十月十五日、大阪造船所で竣工して佐世保に回航され、十一月十四日、基隆、高雄を経由してマニラにむけ佐世保を出港した。十一月二十三日、高雄を出港してマニラに向かう途次の十一月二十五日、ルソン西岸の北緯一五度一九分、東経一一九度四三分の地点において、敵機約一〇〇機と交戦して被爆により火災を起こして沈没した。

一一四号輸送艦

昭和十九年十月三十日、大阪造船所で竣工して佐世保に回航され、十二月七日、高雄にむけ佐世保を出港し、沖縄などを経由したため十二月三十日、高雄に到着した。昭和二十年一月三、九、十五、二十一日と、高雄において敵機と交戦した。二月十七日、上海への輸送の途次、台湾沖で敵機の攻撃をうけ沈没した。

一一五号輸送艦

昭和十九年十一月十三日、大阪造船所で竣工して呉に回航され、十一月二十三日、呉を出港して十二月二十七日、高雄に入港した。昭和二十年一月一日、高雄を出港してルソン島に残留した搭乗員を救出する挺身輸送に従事中の二月十七日、ルソン島北カミング島付近で敵機の攻撃をうけ、航行不能となり擱座したが、沈没とは認定されなかった。

一二七号輸送艦

昭和十九年二月二十四日、川南浦崎造船所で竣工。三月二十四日、横須賀を出港し戦車を搭載してグアムに向かったが、途中、荒天により門扉がはずれたため駆逐艦朝風（あさかぜ）に曳航され横須賀に帰港して修理をうけた。

四月二十六日、横須賀を出港し、戦車を搭載して松七船団としてサイパンに向かった。五月六日に入港し、以後、基地物件の輸送に従事し、ヤップ～トラック～グアム～パラオ～ダバオ間の輸送に従事した。六月二日、渾作戦輸送に従事し、ダバオよりニューギニア西北端ソロンに進出し、七月三日、ダバオに帰港した。七月二十五日、ダバオより比島南部への輸送に従事した。
九月十七日マニラを出港し、ルソン島南端レガスピー〜ブーラン間の輸送に従事中の九月二十五日、ルソン島南端西岸のブーランにて艦上機と交戦して被弾により沈没した。

一二八号輸送艦

昭和十九年三月十八日、川南浦崎で竣工。三月二十五日、佐世保を出港して輸送任務に従事したのち、四月二十八日、横須賀を出港して松七船団としてサイパンをへてパラオに進出した。以後、豪北方面にて輸送任務に従事中の六月四日、モロタイ島北方において敵機の攻撃をうけ沈没した。

一二九号輸送艦

昭和十九年五月十二日、川南浦崎で竣工。五月三十一日に呉を出港し、南方各地への輸送任務に従事した。八月十四日、セレベス南東方バンダ海の南緯四度四分、東経一二六度五九分の地点において米潜コッドの雷撃をうけ沈没した。

一三〇号輸送艦

昭和十九年六月三日、川南浦崎で竣工。佐世保より横須賀に回航され、六月二十五日、横須賀を出港して二十七日、硫黄島へ到着して揚陸を完了した。出港時にスクリューに一〇三号輸送艦の後部錨綱がからみついていたので、硫黄島付近でその除去作業中の七月四日、艦上機のべ三〇〇機と交戦、また機動部隊の艦砲射撃もうけ、被弾により炎上して沈没した。

一三一号輸送艦

昭和十九年六月二十四日、川南浦崎で竣工。七月三日、佐世保を出港してマニラへの輸送任務に従事した。以後、マニラを出港してセレベス北東端メナド、ボルネオ南東岸バリックパパン、ボルネオ北東方ホロ、ボルネオ東部北岸タラカンなどへ輸送を行なって十月二十六日、マニラに帰港した。二十八日よりレイテ島オルモック輸送に従事。三十一日、パナイ島付近で敵の攻撃をうけ中破し、九号輸送艦に横曳されてマニラに入港して修理をうけた。十二月、サンフェルナンドへ輸送を行なった後、昭和二十年一月九日、サイゴンに回航された。一月十二日、サイゴンにおいて艦上機の攻撃をうけ沈没した。

一三二号輸送艦

昭和十九年七月十日、川南浦崎造船所で竣工。七月二十一日、佐世保を出港し奄美大島への輸送に従事した。九月六日、横須賀に回航され、硫黄島、父島への輸送に七回従事した。十二月二十七日、硫黄島において敵機および艦砲射撃により沈没した。

一三三号輸送艦

昭和十九年七月四日、佐世保工廠で竣工して七月二十三日、横須賀に回航され、機銃増設工事および輸送物件を搭載して、七月二十九日に出港して八月二日、硫黄島に到着したが、荒天のため揚陸できなかった。八月四日、艦上機の攻撃をうけ、至近弾および荒天のため横倒しとなり、浸水は増大して擱座した。

一三四号輸送艦

昭和十九年七月十五日、川南浦崎で竣工して八月十一日、横須賀に回航された。八月十五日より横須賀〜父島〜硫黄島間の輸送任務に三回従事。十月四日、荒天のため硫黄島南村海岸に擱座した。

一三五号輸送艦

昭和十九年七月二十五日、川南浦崎で竣工。八月十日より沖縄輸送に従事した。九月二十三日、マニラに向け陸戦隊および特二内火艇を搭載して呉を出港し、厦門(アモイ)をへて高雄に入港した。十月六日、高雄を出港してマニラへ向かったが、機動部隊の攻撃を避けてルソン島ラボック湾に仮泊したが、十月十八日、ラボック湾にて艦上機の攻撃をうけ、被弾により大破炎上して擱座した。

一三六号輸送艦

昭和十七年八月二十日、川南浦崎で竣工。八月三十日より鹿児島をへて奄美大島への輸送に従事した。九月二十三日に呉を出港し、一三五号輸送艦と同行動をとり、十月十八日、ルソン島北西岸のラボック湾において艦上機約四十と交戦し、被弾により炎上し大破したので放棄された。

一三七号輸送艦

昭和十九年八月二十八日、川南浦崎で竣工して九月二十三日、横須賀に回航された。十月二日より昭和二十年二月十五日までの間に、横須賀〜八丈島〜父島〜硫黄島間の輸送に従事すること五回。三月十八日、八丈島にて輸送任務中、敵機の攻撃をうけて小破し横須賀で修理をうけた。

昭和二十年五月十八日、横須賀より佐世保へ回航の途次、三重県大王崎付近で敵機の攻撃をうけ小破、七月末まで佐世保で修理し、その後、南朝鮮輸送に従事して、佐世保で終戦を迎えた。復員輸送に従事したのちソ連へ引き渡された。

一三八号輸送艦

昭和十九年九月四日、川南浦崎で竣工して横須賀に回航された。十月二十五日、横須賀を出港して硫黄島への輸送に従事中の二十六日、北緯二五度二二分、東経一四一度三一分（硫黄島付近）の地点において、米潜キングフィッシュの雷撃をうけ沈没した。

一三九号輸送艦

昭和十九年九月二十五日、川南浦崎造船所で竣工。十月五日、佐世保を出港してマニラに向かう途中、鹿児島、那覇をへて高雄に入港した。十一月二日に高雄を出港し、六日、ルソン島西岸シランギン湾において機動部隊の攻撃を避退中の十一月十二日、敵機四十機と交戦して被爆により火災を起こして沈没した。

一四〇号輸送艦

昭和十九年十月十四日、佐世保工廠で竣工。十月二十二日に佐世保を出港し、高雄をへてマニラに向かう途中、ルソン島西岸にて十一月五〜六日、敵機と交戦したが被害なくマニラに入港した。

十二月二日、第七次多号作戦に参加し、揚陸作業中に駆逐艦四隻と交戦したが被害はなかった。ついで十二月十一日、第九次多号作戦に参加し、揚陸作業中に巡洋艦と交戦して損傷し、マニラで修理を行なった。
昭和二十年一月六日、マニラを出港してサイゴンにむかい、一月九日に入港した。一月十二日、サイゴンにおいて敵機のべ一〇〇機と交戦し、直撃弾三をうけて火災を起こして沈没した。

一四一号輸送艦

昭和十九年十月十九日、佐世保工廠で竣工。竣工三日後の十月二十一日、佐世保を出港して高雄をへてマニラへの輸送任務に従事した。十一月七日、マニラへ進出し、十一月二十日より第五次多号作戦に従事し、二十四日、往路マスバテ島に避泊中、敵機の攻撃をうけ沈没した。

一四二号輸送艦

昭和十九年十一月二日、川南浦崎で竣工。十一月十四日に佐世保を出港し、マニラへむかう輸送任務の途次、高雄に寄港した。十一月二十二日、高雄を出港してルソン島西岸を航行中の二十五日、サンタクルーズ南方で敵機の攻撃をうけ沈没した。

一四三号輸送艦

昭和十九年十一月二十五日、川南浦崎造船所で竣工した。十二月七日に佐世保を出港してマニラに向かったが、途中、高雄にて昭和二十年一月三、九、十五日に艦上機と交戦し、高雄北方の左営に回航して修理をうけた。二月七日、台湾北端の基隆にむけ左営を出港し、明くる八日、澎湖島裏正角にて座礁し、喪失と認定されたが、引きつづき離礁はつづけられた。

三月二十二日、B25六機と交戦したが、撃墜した敵機が艦上に墜落して炎上大破した。

一四四号輸送艦

昭和十九年十二月一日、川南浦崎で竣工。十二月十四日に佐世保を出港し、那覇をへて基隆へ到着した。昭和二十年一月三、五、十五、二十一日に敵機と交戦した。二月十五日、基隆より上海に回航され、以後、終戦まで上海付近各地への輸送任務に従事した。無傷のまま上海にて終戦を迎えた。

一四五号輸送艦

昭和二十年一月二十五日、川南浦崎で竣工。陸軍機動艇と定められていたため、播磨造船において修理整備を行ない、三月十八日、佐世保に回航された。四月一日、奄美大島に進出して二日に敵機と交戦した。四月四日、奄美大島で座礁大破し、そのまま終戦を迎えた。

一四六号輸送艦

昭和十九年十二月三十日、川南浦崎で竣工。一四五号と同じく整備され、四月一日、奄美大島に進出し二日、瀬相湾において艦上機と交戦した。五日より二十二日まで佐世保〜奄美大島間の輸送に従事した。四月二十八日、長崎五島列島大瀬崎南方において米潜トレパンの雷撃をうけ沈没した。

一四七号輸送艦

昭和二十年一月二十五日、川南浦崎で竣工。一四五号と同じく整備された後、三月四日、横須賀に回航され、三月二十九日より五月二十五日まで横須賀〜八丈島間の輸送に三回従事した。五月二十五日、浦賀水道にてP51五機と交戦し、船体が中破する被害をうけて修理をうけた。その後、七月、八月に一回ずつ八丈島への輸送を行ない、無傷のまま終戦を横須賀で迎えた。復員輸送に従事したのち米国へ引き渡され、因島で解体された。

一四九号輸送艦

昭和十九年二月二十日、日立向島造船所にて竣工。三月十五日に呉を出港してサイパンへの輸送に従事。ついで五月一日、サイパンよりパラオ輸送を行なった。整備後、西部ニューギニア緊急輸送に従事して、六月十日、アンボンに入港。ついでハルマヘラをへて七月十二日、パラオに入港した。八月二日ふたたびアンボンに進出し、同方面における輸送任務に従事した。

十月一日、スラバヤに入港して一ヵ月をかけて修理を行ない、十一月、スラバヤを出港し、シンガポールをへて十一月三十日、マニラへ輸送した。十二月三日、シンガポールに向けてマニラを出港したが、同航中の岸波が被雷して沈没した。サイゴンをへて二十二日シンガポールに到着した。

昭和二十年一月八日、仏印サイゴン南方サンジャックに回航され、同方面の輸送に従事中の一月十二日、サンジャックにおいて艦上機と交戦し、被弾により炎上擱座した。これをもって喪失と認定されたが、離礁に成功し、サイゴンに回航されて修理をうけ交通船（第二黒潮丸）となった。

一五〇号輸送艦

昭和十九年三月十日、日立向島造船所で竣工して横須賀に回航され、サイパンへの戦車輸送ならびに船団護衛のため四月二十八日、木更津を出港サイパンにぶじ入港し、ついでパラオへ向かった。五月十八日パラオ付近で機雷にふれ小破、ついで七月二日にも触雷して小破し、パラオにおいて修理を行なった。七月二十七日、艦上機の攻撃をうけ被爆により沈没した。

一五一号輸送艦

昭和十九年四月二十三日、日立向島で竣工して横須賀に回航され、四月三十日、横須賀から基地物件を搭載して南方各地への輸送に従事した。十月より比島方面で輸送に従事中の十二月二十三日、パラワン島北方で米潜ベスコの雷撃をうけ沈没した。

一五二号輸送艦

昭和十九年五月二十五日、日立向島で竣工し呉工廠で残工事が施行された後の六月二十一日、横須賀に回航されて機銃増備が行なわれた。その終了後の六月二十八日、横須賀を出港して父島をへて硫黄島への揚陸に成功し、七月七日、横須賀に帰投した。七月十六日ふたたび硫黄島への輸送に従事して父島〜硫黄島間の輸送を五回おこなった。八月四日、硫黄島において艦上機が数次にわたり来襲、これと交戦して至近弾数十発、直撃弾二発をうけ沈没した。

一五三号輸送艦

昭和十九年六月十五日、日立向島造船所で竣工。六月二十八日より九月二十二日まで横須賀〜父島〜硫黄島間の輸送に三回従事した。この間の九月十九日、父島二見港で敵機と交戦し、小破のため十一月七日まで修理を行なった。

十一月八日より硫黄島への輸送に従事。昭和二十年一月、二月は修理を行ない、三月七日以後、横須賀〜八丈島間の輸送に従事した。その後、呉に回航されて終戦ちかくの八月十一日、備讃瀬戸西口において触雷し、航行不能のまま終戦を迎えた。

一五四号輸送艦

昭和十九年七月五日、日立向島で竣工し、諸訓練整備された後、九月三十日より横須賀〜八丈島間の輸送に従事し、十月十日より横浜にて整備訓練した。十一月一日より横須賀〜父島〜硫黄島間の輸送に二回従事した。昭和二十年一月五日、硫黄島においてB24数十機の爆撃をうけたのち、巡洋艦三隻、駆逐艦四隻の艦砲射撃をうけ沈没した。

一五七号輸送艦

昭和十九年八月十九日、日立向島で竣工して横須賀に回航され、九月十六日より硫黄島への輸送に従事した。ついで十月十四日より横須賀〜父島〜硫黄島間の輸送に従事し父島〜硫黄島間を六往復した。十二月十九日、横須賀を出港して二十四日に硫黄島に到着したが、同日に大型機の爆撃をうけ、その後、巡洋艦三隻、駆逐艦五隻の艦砲射撃をうけ、被弾により炎上擱座した。

一五八号輸送艦

昭和十九年九月四日、日立向島で竣工して九月十八日、佐世保に回航された。十月一日、佐世保を出港し、四日、沖縄の那覇に到着、十月十日、那覇にて艦上機の攻撃をうけ被弾炎上し沈没した。

一五九号輸送艦

昭和十九年九月十六日、日立向島で竣工して整備訓練した後、鹿児島に回航され、第二航空艦隊の輸送物件を搭載して十月十二日に鹿児島を出港した。那覇で潜水母艦迅鯨（じんげい）遭難者の救助に従事。十一月十日、高雄に入港、十九日、高雄にて敵機と交戦したが被害はなく、二十四日、マニラへ入港して輸送物件を揚陸した。ついで十二月二日より第七次オルモック輸送作戦に参加して成功させ、十二月九日より第九次オルモック輸送作戦に参加。十一日、オルモックにて揚陸中、敵戦車および迫撃砲と交戦して大破炎上した。

一六〇号輸送艦

昭和十九年九月三十日、日立向島造船所で竣工。十月二十一日、第二航空艦隊の物件を搭載して佐世保を出港し、途中、高雄に寄港して十一月七日、マニラに入港して輸送物件を揚陸した。ついで十一月十九日より第五次オルモック輸送作戦に参加、往路の十一月二十四日、レイテ島北西マスバテ島に避泊中、敵機三十機と交戦し、被弾により炎上し座礁大破した。

一六一号輸送艦

昭和十九年十月十四日、日立向島で竣工して佐世保に回航され、十一月十四日マニラへ向け佐世保を出港し、途中、高雄に寄港した。十一月二十二日に高雄を出港してマニラに向かう途中の十一月二十五日、ルソン島西岸サンタクルーズにおいて敵機大編隊と交戦し、被雷、被爆により沈没した。

一七二号輸送艦

昭和二十年三月十日、川南浦崎で竣工して佐世保に回航され、四月十一日、佐世保を出港して十九日、横須賀に入港した。五月十日に横須賀を出港、十二日、天龍川河口においてB24二機と交戦して被弾十ヵ所の損傷をうけ、五月三十日、佐世保に回航されて修理をうけた。七月二十七日、佐世保〜鎮海間の輸送に従事した。

佐世保で無傷のまま終戦を迎え、復員輸送に従事したのち中国へ引き渡された。

一七三号輸送艦

昭和二十年四月一日、川南浦崎造船所で竣工した。四月七日に佐世保を出港して奄美大島へ進出、同方面における輸送任務に従事した。五月二十一日、佐世保を出港して奄美大島へ向かう途次の二十二日、北緯二九度四五分、東経一二九度一〇分の地点において艦上機の攻撃をうけ沈没した。

一七四号輸送艦

昭和二十年七月十四日、川南浦崎で竣工して佐世保に回航され、訓練従事中に終戦となり、無傷のまま佐世保で終戦を迎え復員輸送艦となった。

敷設艇（二十二隻）

燕（つばめ）

昭和四年七月竣工。基準排水量推量四五〇トン、全長六十八・八メートル、速力十九ノッ

燕。対潜防禦にあたる捕獲網艇で、防潜網または機雷の敷設掃海も可能。艇首4mの船首楼甲板に機雷や網の揚収ダビット。後甲板には網展張台や機雷敷設軌条

ト、高角砲一、機銃一、爆雷十八個、機雷八十個、捕獲網三浬分、乗員四十三名。
開戦時には比島攻略作戦に参加。昭和十七年二月よりダバオ、スラバヤ方面の船団護衛を行ない、五月より昭和十八年三月まで佐世保付近の哨区哨戒に従事した。四月より昭和二十年二月末まで佐世保〜沖縄間の船団護衛に従事した。三月一日、石垣島付近で敵機の攻撃をうけ沈没した。

鷗（かもめ）

昭和四年八月末竣工の燕型二番艇。開戦時は比島攻略作戦に参加。昭和十七年二月より高雄〜スラバヤ方面で船団護衛に従事。四月より佐世保近海の哨戒、奄美大島方面の警備、佐世保〜上海間の船団護衛に従事した。昭和十九年一月一日より佐世保〜沖縄間の船団護衛に従事中の四月二十七日、沖縄より鹿児島にむけ船団護衛中、那覇北方の北緯二七度二八分、東経一二八度〇二分の地点において米潜ハリバットの雷撃をうけ沈没した。

夏島（なつしま）

昭和八年七月末竣工。開戦時、佐伯防備隊付属で佐伯を基地として豊後水道で対潜掃蕩に従事。昭和十八年四月より旅順方面で行動し、同方面の哨戒に任じた。十二月十日、佐伯を出港して南東方面に進出し、昭和十九年二月二十一日ニューハノーバー島（ニューアイルランド島北西）北方において米駆逐艦と交戦、直撃弾により沈没した。

那沙美（なさみ）

昭和九年九月竣工の夏島型二番艇。昭和十八年十一月まで夏島と同行動をとり、十二月十九日、横須賀〜サイパン間の船団護衛に従事した後、ラバウル方面へ進出した。昭和十九年四月一日ラバウルにおいて約一四〇機来襲した敵機と交戦し、被爆により沈没した。

猿島（さるしま）

昭和九年七月竣工の夏島型三番艇。日米開戦のころは横須賀防備戦隊所属で東京湾の防潜網設置作業、ついで横須賀〜鳥羽間の船団護衛に従事した。昭和十八年六月より横須賀〜父島間の船団護衛に従事。昭和十九年三月より横須賀〜サイパン間の船団護衛に従事中の七月四日、父島方面において敵機の攻撃をうけ沈没した。

測天（そくてん）

昭和十三年十二月竣工。基準排水量七二〇トン、全長七十四・七メートル、速力二十ノット、航続十四ノット二千浬、連装機銃二基、爆雷三十六個、機雷一二〇個、捕獲網八組、乗員七十四名。

開戦当時から馬公(まこう)防備隊付属として、台湾西方澎湖(ほうこ)諸島の馬公付近海面の船団護衛に従事。昭和十九年三月、佐世保よりサイパンへ進出し、パラオ方面の船団護衛、機雷敷設作業に従事中の七月二十五日、パラオ北東方にて敵機の攻撃をうけ沈没した。

白神（しらかみ）

昭和十四年四月竣工の測天型二番艇で、開戦当時から大湊警備府付属として大湊方面の哨区哨戒および機雷敷設に従事した。ついで青森県八戸を基地として船団護衛に従事中の昭和十九年三月三日、哨戒中に陸軍船日蘭丸と衝突して大破口を生じ曳航不能、三月五日に千島得撫島（うるっぷとう）南方で沈没した。

巨済（きょさい）

昭和十四年十二月竣工の測天型三番艇。開戦当時から鎮海防備隊所属で、鎮海を基地に対潜掃蕩、船団護衛に従事。昭和十九年三月、東松船団を護衛してサイパン、トラックへ進出した。八月より対馬海峡方面で対潜掃蕩に従事。昭和二十年三月、黄海で機雷を敷設。六月より横鎮第五特攻戦隊所属となり横須賀で終戦を迎えた。復員輸送に従事したのち英国へ引き渡され塩釜で解体された。

成生（なりゅう）

昭和十五年六月竣工の測天型四番艇。開戦当時から舞鶴防備戦隊の所属として若狭湾において哨戒に従事。昭和十七年五月より和歌山県串本を基地として対潜掃蕩に従事した。昭和十八年七月、舞鶴防備隊付属となり、舞鶴近海の哨戒に従事。昭和十九年一月より紀伊防備隊付属となって、由良付近の船団護衛に従事。八月より横須賀鎮守府所属となり、父島方面の船団護衛および機雷敷設作業に従事した。昭和二十年二月十六日、和歌山県潮ノ岬の一七〇度六十七浬の地点において、米潜セネットの雷撃をうけ沈没した。

浮島（うきしま）

昭和十五年十月末竣工の測天型五番艇。横須賀防備戦隊付属で開戦当時には横須賀〜鳥羽間で対潜掃蕩を行なった。昭和十七年七月、アリューシャン列島キスカへ進出して防潜網設置作業に従事し、八月よりふたたび横須賀にもどって船団護衛に従事した。昭和十八年十一月十六日、浦賀に帰投中、静岡県初島の一二二度十一浬において米潜の雷撃をうけ沈没した。

平島（ひらしま）

昭和十五年十二月竣工。基準排水量七二〇トン、全長七十四・七メートル、速力二十ノット、航続十四ノット二千浬、高角砲一門、連装機銃一基、爆雷三十六個、機雷一二〇個、乗員六十七名。佐世保防備戦隊所属で開戦当時から佐世保付近および九州北西海面の哨戒ならびに船団護衛に従事した。昭和十八年二月より奄美大島方面で警備、七月二十一日より佐世保〜上海間の船団護衛に従事した。七月二十八日、上海よりの帰途、五島列島大瀬崎西方付近において米潜の雷撃をうけ沈没した。

澎湖（ほうこ）

昭和十六年十二月二十日、三井玉野造船所で竣工した平島型二番艇で、馬公防備隊所属として、馬公を基地として船団護衛に従事。昭和十八年四月十日、馬公を出港してラバウルへ進出し、同方面の船団護衛に従事中の九月二十八日、ブカ島東方二十浬の地点において敵機の攻撃をうけ沈没した。

石埼（いしざき）

昭和十七年二月二十八日、横浜船渠で竣工した平島型三番艇。大湊防備隊付属となり陸奥湾の哨区哨戒に従事。昭和十七年七月、アリューシャン列島キスカへ進出して防潜網設置作業に従事した。九月より終戦まで青森県八戸を基地として船団護衛に従事した。大湊で終戦を迎え、掃海艦として使用されてのち米国へ引き渡された。

鷹島（たかしま）
昭和十七年三月二十五日、日本鋼管鶴見造船所で竣工した平島型四番艇。佐世保防備隊付属となり佐世保を基地として付近海面の防備および船団護衛に従事。昭和十八年三月より昭和十九年一月まで佐世保〜上海間の船団護衛に従事した。四月、佐世保〜高雄間の軍需品輸送に従事し、七月、種子島方面で機雷敷設に従事。八月より十月まで沖縄への緊急輸送に四回従事した。十月十日、沖縄名護湾で敵機と交戦して沈没した。

済州（さいしゅう）
昭和十七年四月二十五日、日立桜島造船所で竣工した平島型五番艇。鎮海警備府所属となり哨区哨戒についで鎮海湾機雷敷設に従事した。昭和十九年六月、佐世保鎮守府所属となり鹿児島〜沖縄間の船団護衛に従事。七月より十二月十日まで横須賀〜父島間の船団護衛に従事。十二月より佐世保方面で機雷敷設および船団護衛に従事した。終戦を佐世保で迎え、復員輸送ののち中国へ引き渡された。

新井埼（にいざき）
昭和十七年八月三十一日、三井玉野で竣工した平島型六番艇。舞鶴防備隊付属であったが、和歌山県串本を基地として付近海面の対潜掃蕩に従事。昭和十八年十二月末より佐世保防備戦隊に入り沖縄方面で行動した。昭和十九年十月より佐世保〜シンガポール間の船団護衛に従事した。昭和二十年四月より六月まで、佐世保付近に機雷を敷設した。以後、小樽、稚内、大湊方面に行動し大湊で終戦を迎えたが、十月四日、室蘭沖で触雷大破した。

由利島（ゆりしま）

昭和十七年十一月末、日本鋼管鶴見で竣工した平島型七番艇。佐伯防備隊付属となって付近海面の船団護衛に従事。昭和十九年三月よりサイパン、トラック、ダバオで船団護衛に従事し、八月からは基隆、サイゴンで船団護衛に従事した。ついでサイゴン～シンガポール間の船団護衛に従事中の昭和二十年一月十四日、シンガポールより北上中、マレー半島南東岸において米潜コウビアの雷撃をうけ沈没した。

怒和島（ぬわじま）

昭和十七年十一月十五日、大阪の日立桜島で竣工した平島型八番艇。佐伯防備隊付属となり、同方面における船団護衛に従事。昭和十八年五月、佐伯～パラオ間の船団護衛に従事。九月より大分県佐伯（さいき）を基地として船団護衛に従事した。昭和十九年七月より沖縄輸送の船団護衛に従事。昭和二十年二月より第十八戦隊に編入されて機雷敷設に従事中の四月三十日、佐伯湾において敵機の攻撃をうけ被弾大破した。そのまま佐伯湾で終戦を迎えた。

前島（まえしま）

昭和十八年七月三十一日、日本鋼管鶴見で竣工した平島型九番艇。馬公防備隊付属となり馬公、高雄付近の海面哨戒および船団護衛に従事。昭和十九年十月、第三南遣艦隊に編入され、高雄～比島間に船団護衛に従事した。十月二十一日、ルソン島北西岸ラオワグにて敵機の攻撃をうけ沈没した。

網代（あじろ）

昭和十九年七月三十一日、日立因島造船所で竣工し、呉防備隊付属となり佐伯にて出動訓練に従事した。八月二十五日、横須賀防備戦隊に編入され、九月十日より横須賀～父島間の船団護衛に従事中の十月一日、父島の北西方において米潜スナッパーの雷撃をうけ沈没した。

神島（かみしま）

昭和二十年七月三十日、佐世保工廠で竣工し、八月八日に横須賀へ回航されて無傷のまま横須賀で終戦を迎えた。戦後は復員輸送に従事したのちソ連へ引き渡された。

粟島（あわしま）

神島型二番艇として昭和二十年七月二十六日、佐世保工廠で進水したが、艤装途中で終戦を迎えた。特別輸送艦に指定され昭和二十一年四月、復員輸送艦として川南香焼島で完成。昭和二十二年十月、賠償艦として米国へ引き渡された。

電纜敷設艇（四隻）

初島（はつしま）

昭和十五年十月竣工。基準排水量一五六〇トン、全長七十六・八メートル、速力十四ノット、航続十二ノット一千浬、高角砲一門、連装機銃一基、乗員一〇九名。

開戦当時は横須賀防備戦隊付属として船団護衛および聴音機設置作業を行ない、昭和十八年一月より内南洋方面で船団護衛に従事した。五月より千島防備部隊として電纜設置作業を行ない、八月より横須賀～ラバウル間の船団護衛に従事。十一月より東京湾で機雷敷設および哨戒を行なった。昭和十九年一月、佐世保鎮守府部隊に編入され、佐世保方面で機雷敷設に従事。昭和二十年四月二十八日、三重県三木崎の一五五度二十四浬の地点において米潜セネットの雷撃をうけて沈没した。

釣島（つるしま）

昭和十六年三月竣工の初島型二番艇。開戦当時は佐伯防備隊所属で、佐伯にて聴音作業および船団護衛に従事。昭和十九年七月より門司～高雄間の船団護衛に従事した。昭和二十年六月より佐伯付近にあって、無傷のまま終戦を迎えた。

大立（おおだて）

昭和十六年七月末竣工の初島型三番艇で、開戦時には佐世保防備戦隊に所属し、佐世保を基地として付近海面の哨戒および船団護衛に従事した。昭和十八年六月、鎮海警備府に協力して電纜敷設に従事し、八月より電纜敷設作業のため、海南島および馬公方面へ出動した。以後、佐世保、鹿児島方面で行動中の昭和二十年三月二十七日、鹿児島県指宿（いぶすき）の二二六度一四二浬の地点で、米潜トリガーの雷撃をうけ沈没した。

立石（たていし）

昭和十六年八月末竣工の初島型四番艇。開戦時は舞鶴防備戦隊所属として若狭湾において対潜警戒に従事。昭和十八年一月、横須賀よりラバウルへ進出して同方面において対潜警戒に従事した。五月より千島防備部隊に編入され、海面防備に従事。十月より内南洋方面で海上防備に従事、ついでダバオ、ジャワ島東部北岸スラバヤ方面で船団護衛に従事した。

昭和二十年三月十九日、海南島三亜にむけ仏印サンジャックを出港したが、二十一日、仏印沿岸ナトランの一六〇度十一浬の地点において敵機と交戦し、被弾により沈没した。

哨戒艇（二十一隻）

一号哨戒艇

峯風型駆逐艦の島風として大正九年十一月竣工。昭和十五年四月、改造されて哨戒艇籍に編入。開戦時には比島攻略作戦に参加し、昭和十七年一月よりセレベス島各地のメナド、ケンダリー、マカッサル攻略作戦に参加。二月にはチモール島西北岸クーパン、西部ニューギニア攻略作戦に参加したのち横須賀に帰投した。五月十五日よりミッドウェー作戦に参加した。

昭和十七年八月十六日よりソロモン方面に進出し、ガダルカナル島輸送に一回従事した後、ブーゲンビル島南端沖に位置するショートランド方面の海上哨戒護衛についた。昭和十八年一月十二日、あけぼの丸を護衛中、ニューアイルランド島カビエンの西方七十浬の地点において、米潜ガードフィッシュの雷撃をうけ沈没した。

二号哨戒艇

峯風型駆逐艦の灘風として大正十年九月末竣工。昭和十五年四月、哨戒艇となる。開戦時より昭和十七年四月まで、比島、蘭印方面の攻略作戦に従事した。五月十五日、横須賀を出撃してミッドウェー作戦に参加した。八月十七日よりラバウル、ショートランドを中心として、対潜哨戒、陸戦隊および陸軍部隊の輸送ならびに船団護衛に従事した。

昭和十八年一月末、横須賀に帰投した後、第一海上護衛隊に編入され、高雄を中心として門司、サイゴン、シンガポール、マニラ方面の船団護衛に従事。十二月二十五日、二十二特別根拠地隊に編入され、ボルネオ東南端バリックパパンを中心として南西方面の船団護衛に従事中の昭和二十年七月二十五日、ジャワ海スラバヤ東方において英潜の雷撃をうけて沈没した。

三十一号哨戒艇

樅（もみ）型の二等駆逐艦である菊として大正九年十二月竣工。昭和十五年四月、発射管を撤去して哨戒艇となる。日米開戦直前に後部の兵装を撤去して大発を搭載、敵前上陸用の高速輸送艦に改造された。開戦時は佐伯防備隊に所属して豊後水道で対潜掃蕩に従事していた。昭和十七年九月二十九日よりサイパンまで沖輸送船団の護衛に従事した。以後また佐伯方面で行動し、昭和十八年五月二十五日より十九年二月までに佐伯～パラオ間の船団護衛に八回従事した。昭和十九年三月二十日、高雄を出港する船団を護衛して二十七日、パラオに到着。三月三十日、船団を護衛して出港したが、パラオ西水道付近において艦上機の攻撃をうけ、直撃弾三、至近弾六により沈没した。

三十二号哨戒艇

樅型駆逐艦の葵として大正九年十二月竣工。昭和十五年四月、発射管を撤去して哨戒艇となる。日米開戦時にはマーシャル諸島クェゼリン環礁のルオットへ出撃し、第一次ウェーク攻略作戦に参加したが成功せず、十二月十三日、ルオットに帰投した。二十一日、ルオットを出撃して第二次ウェーク攻略戦に参加し、二十三日ウェーク島に着岸して陸戦隊を揚陸し、乗員も陸戦隊を編成して揚陸したが、本艇は敵砲火により火災を起こして大破放棄された。

三十三号哨戒艇

縦型駆逐艦の萩として大正十年四月竣工。昭和十五年四月、哨戒艇籍へ編入。開戦時より三十二号哨戒艇と同行動をとり、第二次ウェーク攻略作戦でウェーク島に着岸して大破、その生涯をとじた。

三十四号哨戒艇

縦型駆逐艦の薄として大正十年五月竣工。昭和十五年四月、哨戒艇となり開戦直前には他艦と同様に大発搭載の高速輸送艦となり、開戦時より比島、蘭印各地の攻略作戦に参加した。ついでミッドウェー海戦に参加した。昭和十七年八月七日、呉を出港してソロモン方面へ進出し、ガ島輸送およびソロモン方面の哨戒、船団護衛に従事中の昭和十八年三月六日、カビエン南方で標的艦矢風と衝突して沈没した。

三十五号哨戒艇

縦型駆逐艦の蔦として大正十年六月末竣工。昭和十五年四月、哨戒艇となった。開戦時、レガスピー攻略作戦に従事。昭和十七年一月よりタラカン、バリックパパン攻略作戦に参加した。二月末、バタビア攻略作戦では神川丸基地員の輸送に従事した。ミッドウェー作戦も神川丸直衛として参加。八月三十日、ガダルカナル島輸送を行なった。九月二日、特設水上機母艦山陽丸の基地員を輸送するため、ショートランドよりサンタイサベル島レカタ湾へ回航中、敵機の攻撃をうけて沈没した。

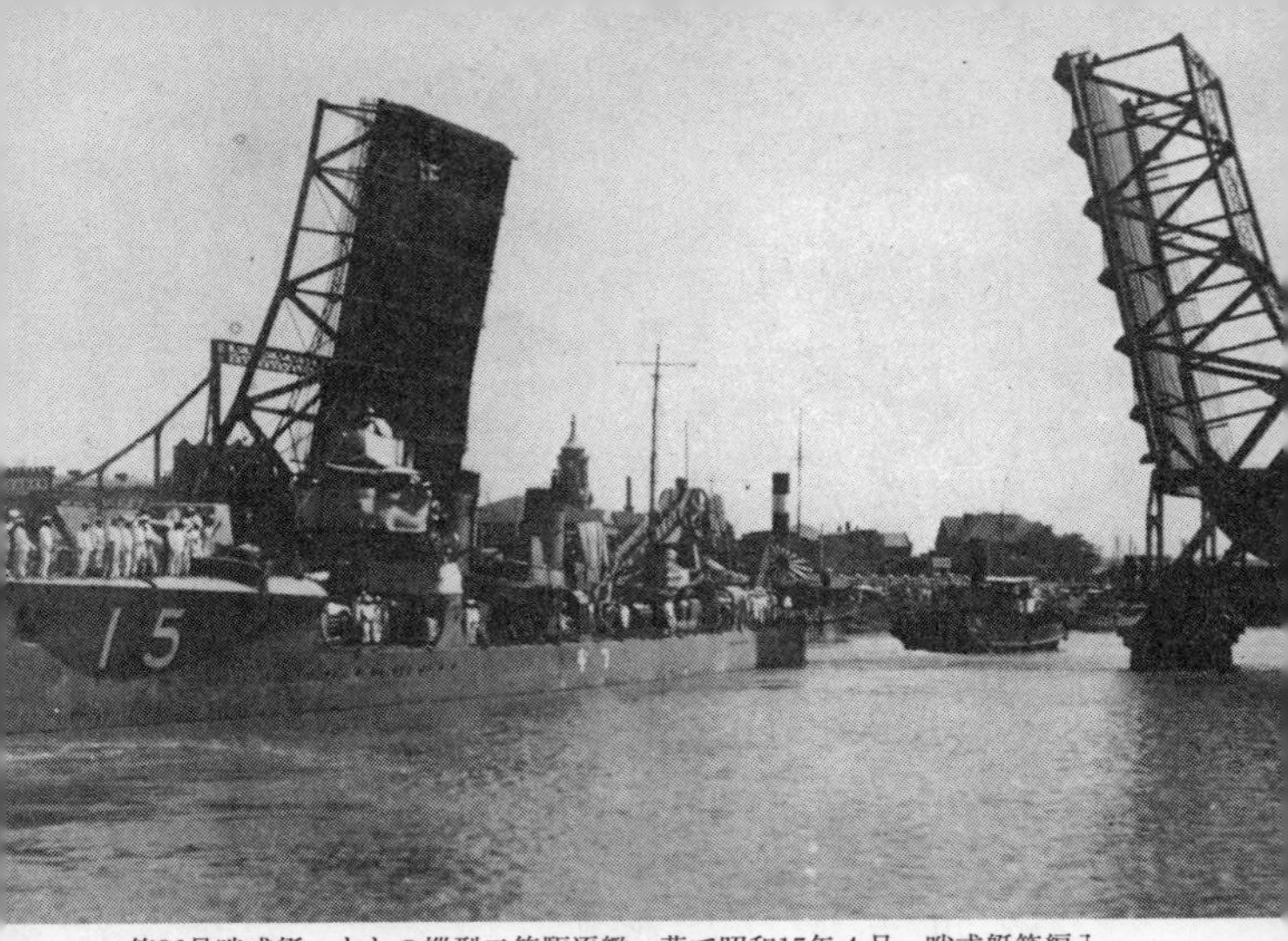

第36号哨戒艇。もとの楢型二等駆逐艦・藤で昭和15年4月、哨戒艇籍編入

三十六号哨戒艇

楢型駆逐艦の藤として大正十年五月末竣工。昭和十五年四月、哨戒艇となる。開戦時ダバオ攻略作戦、ついでタラカン、バリックパパン攻略戦に参加した。昭和十七年八月七日、佐世保を出港してソロモン方面へ進出、主としてラバウル、ショートランド方面の船団護衛に従事した。昭和十八年二月より門司〜高雄〜マニラ〜仏印サンジャック間の船団護衛に従事した。

昭和十八年十二月二十五日、二十二特根に編入されて、主としてバリックパパン方面の船団護衛に従事し、昭和十九年三月三十日にパラオで敵機の攻撃をうけ損傷し、五月四日、スラバヤに入港して修理をうけた。修理中の五月十七日に艦上機の攻撃をうけ命中弾により大破した。修理後もスラバヤ方面で船団護衛に従事し、終戦をスラバヤで迎えた。

三十七号哨戒艇

縦型駆逐艦の菱として大正十一年三月竣工。昭和十五年四月、哨戒艇となり開戦直前には他艦と同じく高速輸送用に改造された。開戦時にはダバオ攻略作戦、ついでホロ、タラカン攻略作戦に参加した。昭和十七年一月二十四日、バリックパパン攻略作戦において、米駆逐艦四隻の攻撃をうけ、雷撃により沈没した。

三十八号哨戒艇

縦型駆逐艦の蓬（よもぎ）として大正十一年八月竣工。昭和十五年四月、哨戒艇となる。開戦時にはダバオ攻略戦に参加、ついで蘭印攻略作戦に参加した。昭和十七年四月、西部ニューギニア攻略作戦に参加。八月七日、佐世保を出港してラバウルへ進出し、ニューギニア東端のラビ攻略作戦に参加し、以後、昭和十八年四月までラバウル方面で船団護衛に従事した。

その後、佐世保防備隊に編入され、ついで第一海上護衛隊に編入されて、佐世保〜高雄〜マニラ〜シンガポール間の船団護衛に従事。昭和十九年十一月二十一日、高雄よりマニラに入港し、マニラより帰途の十一月二十五日、北緯二〇度一二分、東経一二一度五一分のバシー海峡において、米潜アトゥールの雷撃をうけて沈没した。

三十九号哨戒艇

縦型駆逐艦の蓼（たで）として大正十一年七月末竣工。昭和十五年四月、哨戒艇となり、開戦直前には他艦と同じく大発搭載の高速輸送用に改造された。開戦時にはパラオで待機していたが、以後、瑞穂の直衛として蘭印各地の攻略作戦に参加。昭和十七年四月、西部ニューギニア攻略戦にも参加した。八月七日に佐世保を出港し、三十六号哨戒艇と同行動でソロモン方面へ進出し、昭和十八年二月、佐世保に帰投した。

昭和十八年三月一日より門司〜高雄〜サンジャック間の船団護衛に従事した。四月二十一日に高雄を出港したが、石垣島南方で被雷して漂流中の第二日新丸を監視中の四月二十三日、北緯二三度四八分、東経一二二度四二分の地点において、米潜シーウルフの魚雷二本をうけて沈没した。

四十六号哨戒艇

若竹型二等駆逐艦の夕顔として大正十三年五月竣工。昭和十五年四月、哨戒艇に転籍。開戦時には佐伯防備隊に所属、豊後水道で対潜掃蕩に従事していた。昭和十八年五月より八月末まで三十一号哨戒艇と同行動で、佐伯〜パラオ間の船団護衛を四回おこなった。九月一日、横須賀鎮守府部隊に編入されて横須賀〜父島〜トラック間の船団護衛に従事。昭和十九年一月より鳥羽を基地として船団護衛に従事中の十一月十日、石室崎南西方において米潜グリーンリングの雷撃をうけ沈没した。

一〇一号哨戒艇

開戦時に香港で擱座していた英駆逐艦スラシアンを引き揚げ、昭和十七年十月、哨戒艇として編入された。香港で整備完成させ、佐世保をへて十二月四日、横須賀に回航されて、昭和十八年二月より十月まで横須賀〜神戸間の船団護衛に従事した。十一月より昭和十九年二月六日まで横須賀で警泊した。二月六日より横須賀〜神戸間の護衛に従事したのち、三月十五日、雑役船となった。

一〇二号哨戒艇

ジャワ島スラバヤ占領時にドック内で沈没していた米駆逐艦スチュアートを浮揚させ、哨戒艇として編入。昭和十八年六月十五日、スラバヤで整備完成し、ボルネオ、セレベス方面で船団護衛に従事。昭和十九年五月、ハルマヘラ〜マニラ間の船団護衛をしたのちマニラに警泊。八月より昭和二十年一月まで呉〜高雄〜マニラ〜シンガポール間の船団護衛に従事した後、呉、佐世保において整備した。昭和二十年四月に上海方面へ船団護衛したのち呉で警泊していたが、無傷のまま呉で終戦を迎えた。本艇は南方海面で船団護衛中、米潜に攻撃されかけたが、元米駆逐艦スチュアートであったので僚艦と思われ、攻撃をうけなかったというエピソードがあった。

一〇三号哨戒艇

比島キャビテ軍港で沈没していた米掃海艇フィンチを引き揚げ哨戒艇籍へ編入。昭和十八年四月、マニラで整備完成してマニラ付近の哨戒に従事。昭和十九年三月より八月までマニラ、ハルマヘラ哨区の哨戒に従事した。九月よりマニラ〜シンガポール間の船団護衛に従事した。昭和二十年一月十二日、船団を護衛して高雄へ向けて航行中の北緯一一度八分、東経一〇八度四九分の仏印南部で艦上機の攻撃をうけ沈没した。

一〇四号哨戒艇

ジャワ南岸チラチャップで沈没していたオランダ哨戒艇ハルクを浮揚、哨戒艇籍に編入。

昭和十八年九月、スラバヤで整備完成してスラバヤ方面の船団護衛に従事。五月より昭和二十年二月末まで一〇二号哨戒艇と同行動で、船団護衛に従事した。三月より五月まで佐世保において修理した後、博多湾の哨戒、護衛に従事した。七月末より紀伊由良方面で哨戒に従事。八月二十四日、佐世保へ回航中に下関海峡西山港防波堤燈台の二九六度二二〇〇メートルにて触雷し、大破沈没した。

一〇五号哨戒艇

比島キャビテ軍港で沈没していた米巡邏船アラヤットを哨戒艇とした。昭和十八年九月、マニラにおいて整備完成し、以後マニラ方面で哨戒および船団護衛に従事した。昭和十九年十一月二十九日、第六次オルモック輸送作戦に参加し、揚陸をおおむね完了したとき魚雷艇の攻撃をうけ、レイテ島オルモックにて沈没した。

一〇六号哨戒艇

スラバヤで沈没していたオランダ駆逐艦バンケルト。昭和十九年九月、スラバヤで整備完成、以後スラバヤ、バリックパパン方面の哨戒船団護衛に従事した。無傷のままスラバヤで終戦を迎えた。

一〇七号哨戒艇

マニラ湾キャビテ軍港にあった米曳船ゼネシーを昭和十九年四月、マニラにおいて整備完成、十月三十日よりオルモック輸送に従事。十一月五日、マニラを出港して哨戒任務中に敵機の攻撃をうけ、コレヒドール島の一五〇度四浬の地点で沈没した。

一〇八号哨戒艇

オランダ哨戒艇アーレンドを昭和十九年七月、ジャワ東部北岸のスラバヤで整備完成。昭和二十年一月までスラバヤに警泊、一月よりボルネオ南東岸バリックパパン付近の哨戒および船団護衛に従事。三月二十八日、セレベス島ボネ湾において敵機の攻撃をうけ沈没した。

一〇九号哨戒艇

オランダ哨戒艇ファザランドを昭和十九年十月、スラバヤにて整備完成し、同方面において哨戒、船団護衛に従事した。終戦を無傷のままジャワ西部北岸のジャカルタ（バタビア）で迎えた。

（付記）上記の通り、哨戒艇には一号型二隻、三十一号型（一二六二トン、八十五・三四メートル、十八ノット、一二センチ砲一門、機銃六門、爆雷十八個）九隻、四十六号の三タイプと、戦利艦を哨戒艇とした一〇一号〜一〇九号が存在した。

駆潜艇（六十一隻）

一号駆潜艇

昭和九年三月二十四日竣工。開戦時は第一根拠地隊（一根）に所属し、比島攻略作戦に参加。つづいてセレベス島メナドおよびマカッサル、ジャワ攻略作戦に従事した。昭和十七年三月、ジャワ作戦も一段落し、新編成の第二十一特別根拠地隊（二十一特根）所属となり、以後、ジャワ東部北岸のスラバヤを基地としてジャワ海方面において、終戦までの間、修理期間中をのぞいてほとんど休む間もなく、船団護衛に従事し、敵飛行機、潜水艦と、日夜、戦いつづけた。

終戦をスラバヤで迎え、昭和二十一年七月十一日、シンガポール南方海面で海没処分された。

二号駆潜艇

昭和九年三月二十五日竣工。開戦時は第一根拠地隊に所属し、比島攻略作戦に参加。ついでメナド、アンボン、マカッサル攻略作戦に従事した。昭和十七年三月十日、第二十一特根に編入され、スラバヤを基地として、ジャワ海方面において船団護衛に従事した。昭和二十年六月十七日、スラバヤよりマカッサルにむけ航行中、バリ島北方で米潜ブルーバックの雷撃をうけ沈没した。

三号駆潜艇

昭和十一年十月十五日竣工。開戦時は第一根拠地隊に所属し、比島攻略作戦に参加。ついでセレベス島メナド、ケンダリー、マカッサル攻略作戦に従事。昭和十七年三月十日、第二十一特根に編入され、ケンダリー、マカッサル方面船団護衛に従事。五月一日よりスラバヤ、バリックパパン方面の船団護衛を終戦までつづけた。終戦をスラバヤで迎え、昭和二十一年七月十一日、シンガポール南方海面で海没処分された。

四号駆潜艇

昭和十三年十二月二十八日竣工。開戦時は第二根拠地隊（二根）に所属し、比島ビガン、リンガエン攻略作戦に参加。昭和十七年一月よりミンダナオ島ダバオ方面にて哨戒に従事し、ついでスラバヤ攻略作戦に参加。三月十日、第二十二特別根拠地隊（二十二特根）に編入され、ボルネオ南東岸バリックパパン方面にて船団護衛に従事した。昭和十九年四月十八日、セレベス島ライカン湾にて触礁により艦底に裂傷を生じ、スラバヤで六月十三日まで修理。以後、比島、バリックパパン方面において船団護衛に従事。昭和二十年二、三月はスラバヤにて修理、以後、スラバヤ方面で船団護衛に従事。昭和二十年八月十三日、スラバヤ西水道において触雷により沈没した。

五号駆潜艇

昭和十三年十二月六日竣工。開戦時は第二根拠地隊に所属し、比島ビガン、リンガエン攻略作戦に参加。昭和十七年一月よりダバオ方面で哨戒に従事、ついでバタビア攻略作戦に参加。三月十日、第二十二特根に編入され、バリックパパンを基地として、ボルネオ方面で船団護衛に従事した。

昭和二十年一月九日、ボルネオ西方において敵潜の雷撃をうけ損傷、スラバヤにて修理。終戦をジャカルタで迎え、昭和二十一年七月十一日、シンガポール南方において海没処分された。

六号駆潜艇

昭和十四年五月二十日竣工。開戦時は第二根拠地隊に所属し比島ビカン、リンガエン攻略作戦に参加。昭和十七年一月よりダバオ方面で哨戒に従事。ついでスラバヤ攻略作戦に参加。三月十日、第二十二特根に編入され、バリックパパンを基地としてボルネオ方面にて船団護衛に従事した。昭和十八年一月よりセレベス島東方セラム島南方のアンボン方面で船団護衛に従事。七月よりふたたびバリックパパンを基地として船団護衛に従事。昭和十九年三月十五日、バリックパパンを出港し、船団を護衛して二十三日パラオに入港、三十日早朝パラオ出港、船団を護衛して西水道にむけ航行中、敵機動部隊艦上機の攻撃をうけ擱座、上甲板の一部を残し浸水状態となり、乗員はパラオに避退した。

七号駆潜艇

昭和十三年十一月十五日竣工。開戦時は第九根拠地隊（九根）に所属、ボルネオ攻略部隊に編入されミリ、クチン攻略作戦に参加。ついでマレー上陸陸軍輸送船団護衛に従事。昭和十七年三月末、マレー半島中部西岸沖のペナンへ陸軍部隊を輸送後、ペナンを基地としてシンガポール、サバン（スマトラ島北西端沖）方面への船団護衛に従事した。昭和十九年六月十五日、ペナン西方にて触雷、十月末までシンガポールで修理。以後ふたたびペナンを基地として船団護衛に従事。昭和二十年四月十一日、インド洋上カーニコバル諸島にて米軍機の攻撃をうけ沈没した。

八号駆潜艇

昭和十三年十一月末竣工。開戦時は第九根拠地隊に所属し、マレー上陸輸送船団護衛、ついでスマトラ東部パレンバン攻略部隊船団護衛に従事。昭和十七年三月、ペナンに進出、同方面で船団護衛。四月よりシンガポール方面で行動し、ボルネオ北西方アナンバス諸島東方のナツナ諸島攻略作戦に参加。九月ふたたびペナンに進出し、シンガポール、サバン方面への船団護衛に従事した。昭和二十年三月四日、マラッカ海峡において船団護衛中、敵潜の雷撃をうけ沈没した。

九号駆潜艇

昭和十四年五月九日竣工。開戦時は第九根拠地隊に所属し、マレー上陸輸送船団護衛、マラッカ海峡水路啓開に従事。ついでマレー西方インド洋上のアンダマン攻略作戦に参加。昭和十七年五月十九日、シンガポールを出港し、特務艦朝日を護衛中、仏印付近で朝日の沈没により乗員を救助。六月よりシンガポール方面で船団護衛に従事。七月十八日、第十一特別根拠地隊（十一特根）に編入され、サイゴン方面にて船団護衛に従事。

昭和十九年七月、第九特根に編入され、ペナン、サバン方面にて船団護衛に従事。昭和二十年三月より香港方面において船団護衛に従事し、七月、内海西部に帰投して終戦を呉で迎えた。終戦後は復員輸送艦となり、昭和二十二年十月三日、賠償艦として中国に引き渡された。

十号駆潜艇

昭和十四年六月十五日竣工。開戦時、第二根拠地隊に所属し、比島ビガン、リンガエン攻略部隊護衛、タラカン、バリックパパン、ジャワ攻略作戦に参加。昭和十七年三月十日、第三十一特別根拠地隊（三十一特根）に編入され、マニラ湾封鎖に従事。五月一日、呉防備戦隊に編入され、佐伯を基地として豊後水道哨戒に従事。十月十五日、第四根拠地隊（四根）に編入され、トラックに進出して付近の船団護衛に従事した。

昭和十八年五月、舞鶴に帰投修理。七月末、ラバウルに進出し、船団護衛に従事中の八月三十日、ブーゲンビル島東方にて敵機の攻撃をうけ、直撃弾により大破。曳航されて内地に帰投、横浜において修理。昭和十九年四月、修理完成し、サイパン方面で船団護衛に従事。ついでサイパンよりパラオへ船団護衛中の五月二日、パラオ北端アンガウル島方面で座礁、船体大破により放棄された。

十一号駆潜艇

昭和十四年二月二日竣工。開戦時は第二根拠地隊に所属し、比島西岸ビガン、リンガエン攻略部隊護衛、タラカン、バリックパパン攻略作戦に参加。ついでジャワ攻略部隊船団護衛に従事。昭和十七年三月十日、第三十一特根に編入され、マニラ湾口からルソン西岸オロンガポ方面哨戒に従事した。五月、呉防備戦隊に編入され、佐伯を基地として豊後水道対潜哨戒に従事。十月十六日、第四根に編入され、トラックに進出して付近で船団護衛に従事した。昭和十八年五月、第一根に編入されたが、舞鶴に帰投して修理した。九月二日、ラバウルに進出して船団護衛に従事した後、ベララベラ転進作戦、ブカ、ブイン輸送作戦に従事中の十一月六日、ブカ西方にて敵機の攻撃をうけ沈没した。

十二号駆潜艇

昭和十四年四月末竣工。開戦時は第二根拠地隊に所属し、第十一号駆潜艇と同行動で、昭和十七年三月十日、第三十一特根に編入され、マニラ湾口哨戒に従事。五月、呉防備戦隊に編入された。十月、第四根に編入され、トラック付近で船団護衛に従事した。

昭和十八年五月、第一根に編入され、ブインに進出して船団護衛に従事。八月一日、ブイン沖にて敵機の攻撃をうけ損傷、応急修理後、船団を護衛しながら内地に帰投。十一月より四国造船において修理した。昭和十九年三月三十日、第三十根拠地隊（三十根）に編入され、五月、パラオに進出、パラオ、比島間で船団護衛に従事。そしてパラオで終戦を迎えた。

十三号駆潜艇

昭和十五年七月十五日竣工。開戦時は第一根拠地隊に所属し、比島アパリ、ラモン湾、バリックパパン攻略作戦に参加。昭和十七年三月十日、第二十一特根に編入され、バタビアを基地として船団護衛に従事。五月十五日、横須賀防備戦隊に編入され伊豆半島下田を基地として船団護衛に従事した。

昭和十七年七月二十日、第五艦隊付属に編入されて八月キスカに進出し、連日、敵機と交戦。十月十一日、キスカ発、横須賀に帰投、石川島造船所にて修理。昭和十八年三月より三陸沖方面で船団護衛に従事。四月三日、岩手県野田湾沖にて船団護衛中、米潜の雷撃をうけ沈没した。

十四号駆潜艇

昭和十六年三月末竣工。開戦時は第一根拠地隊に所属し、第十三号駆潜艇と同行動でアパリ、ラモン湾、バリックパパン攻略作戦に参加。昭和十七年三月、第二十一特根に編入され、バタビアを基地として船団護衛に従事。五月、横須賀防備戦隊（横防戦）に編入、横須賀の長浦や伊豆半島の下田を基地として哨戒に従事。七月二十日、第五艦隊付属に編入され、キスカに進出した。十一月二十日、横防戦に編入され、三重県鳥羽を基地として哨戒に従事した。

昭和十八年五月、第五艦隊付属に編入され、千島方面で船団護衛に従事。六月ふたたび横防戦に編入され、父島、サイパン方面で船団護衛に従事。昭和十九年三月、紀伊半島中部東岸の尾鷲を基地として熊野灘方面で哨戒、船団護衛に従事。昭和二十年四月、第四特攻戦隊に編入され七月、横須賀にて敵機の攻撃をうけ損傷した。終戦は尾鷲で擱座のまま迎えた。

十五号駆潜艇

昭和十六年三月末竣工。開戦時は第一根拠地隊に所属し、第十三号駆潜艇と同行動で比島アパリ、ラモン湾、バリックパパン攻略作戦に参加。昭和十七年三月、第二十一特根に編入、五月、横須賀防備戦隊（横防戦）に編入、浦賀を基地として哨戒に従事。七月、第五艦隊付属に編入され、キスカに進出した。十一月、横防戦に編入され尾鷲を基地として哨戒に従事した。

昭和十八年五月、第五艦隊付属に編入され千島方面において船団護衛に従事。六月十五日、大湊警備府部隊に編入され室蘭、稚内方面にて船団護衛に従事。終戦ちかく大湊より横須賀に回航され終戦を迎えた。機関の状態が悪かったので、復員輸送艦には使用されず解体された。

十六号駆潜艇

昭和十六年四月五日竣工。開戦時は第二根拠地隊に所属しリンガエン、バリックパパン攻略作戦に参加。昭和十七年五月一日、連合艦隊付属第二十一駆潜隊に編入され、ミッドウェー作戦に参加。七月十四日、第八根拠隊（八根）に編入され、八月、ラバウルに進出、同方面にて船団護衛に従事。昭和十九年四月、横須賀に帰投し、六月まで修理後、父島へ輸送船団護衛に従事。七月四日、父島の北西方にて敵機の攻撃をうけ沈没した。

十七号駆潜艇

昭和十六年七月末竣工。開戦時は第二根拠地隊に所属し、リンガエン上陸作戦護衛、ジャワ攻略作戦船団護衛に従事。五月、連合艦隊付属第二十一駆潜隊に編入され、ミッドウェー作戦に参加。七月、第八根拠地隊に編入され、ラバウル方面にて船団護衛、コロンバンガラ島西方沖のギゾ攻略作戦に参加した。昭和十九年一月までラバウル、パラオ方面で船団護衛に従事。二月、第五根地隊（五根）に編入され、サイパン〜内地間で船団護衛に従事。四月、横須賀に帰投後、沖縄根に編入され、沖縄方面で輸送作戦に従事。七月、連合艦隊に編入され十一月、船団を護衛して比島に進出、レイテ輸送作戦に参加。以後、中国方面において船団護衛に従事。昭和二十年四月二十八日、五島列島付近にて米潜スプリンガーの雷撃をうけて沈没した。

十八号駆潜艇

昭和十六年七月末竣工。開戦時は第二根拠地隊に所属し、第十七号駆潜艇と同行動でリンガエン、ジャワ攻略作戦船団護衛に従事。五月、連合艦隊付属第二十一駆潜艇に編入、ミッドウェー作戦に参加。七月、第八根に編入されラバウル、パラオ方面で船団護衛に従事した。

昭和十九年二月には第五根に編入され、サイパン、内地間の船団護衛に従事。四月、横須賀に帰投し六月まで修理後、父島輸送に従事。七月、連合艦隊に編入され、十一月、船団を護衛して比島に進出、レイテ輸送に参加。十二月三十日、ルソン西岸において敵機の攻撃をうけ沈没した。

十九号駆潜艇

昭和十六年九月二十日竣工。開戦時は呉防備戦隊に所属し豊後水道で哨戒。昭和十七年二月、第一根に編入されセレベス南東岸のスターリング湾哨戒。三月、第二十三特根に編入されケンダリー哨戒に従事。八月には第十一特根に編入、サイゴンを基地として同方面で船団護衛、哨戒に従事した。昭和十九年八月、第一海上護衛隊に編入され、内地~台湾間で船団護衛に従事。昭和二十年二月より鎮海方面にて船団護衛に従事。終戦は呉で迎えたが損傷していたので、その後は使用されなかった。

二十号駆潜艇

昭和十六年八月二十日竣工。開戦時は呉防備戦隊に所属し、豊後水道で哨戒に従事。昭和十七年二月、第一根に編入され、スターリング湾哨戒に従事。三月、第二十三特根に編入され、セレベス南西岸マカッサル方面にて船団護衛に従事。八月、第十一特根に編入されたが、パラオ方面に派遣され、同方面の船団護衛に従事。昭和十八年七月よりペナン方面にて船団護衛に従事。十一月十四日、ペナン付近において敵潜と交戦、被弾により損傷した。昭和十九年六月までシンガポールにて修理。八月、第三十一特根に編入され、マニラ方面にて船団護衛に従事。十一月、レイテ輸送作戦に参加、敵機の攻撃をうけ損傷。昭和二十年一月、第十一特根に編入、サイゴン方面で船団護衛に従事。三月、第一海上護衛隊に編入されて船団護衛中、香港において敵機の攻撃をうけ損傷。修理後、船団を護衛して五月、呉に帰投、修理中に終戦を迎えた。損傷艦のため復員輸送艦として使用されなかった。

二十一号駆潜艇

昭和十六年八月二十日竣工。開戦時は呉防備戦隊に所属し、豊後水道で哨戒に従事。昭和十七年二月、第一根に編入されバリ島攻略部隊の護衛に従事。三月、第二十三特根に編入され、セレベス各地の勘定作戦に従事した。八月、第十一特根に編入されたが、九月に第四根に派遣され、トラック方面にて船団護衛に従事した。

昭和十八年四月よりペナン方面にて船団護衛に従事。昭和十九年一月、サイゴン方面で船団護衛に従事。八月、第一海上護衛隊に編入され、内地〜台湾間で船団護衛に従事。昭和二十年三月十五日、南支仙頭(スワトウ)東方の南澳島南側にて敵機の攻撃をうけ損傷。四月、第一〇三戦隊に編入され、鎮海方面にて船団護衛に従事。終戦は舞鶴で迎え、復員輸送艦となり、昭和二十二年十月七日、賠償艦としてシンガポールで英国に引き渡された。

二十二号駆潜艇

昭和十六年十月十二日竣工。開戦時は横須賀鎮守府部隊に所属し、東京湾口で哨戒に従事。昭和十七年三月、三重県尾鷲方面で哨戒に従事。四月ふたたび東京湾口哨戒。五月、連合艦隊付属第二十三駆潜隊に編入。六月、第十一、第十三設営隊を護衛してガ島に進出した。七月、第七根拠地隊（七根）に編入され、ラバウルを基地として、ソロモン方面各地への船団護衛に従事した。
昭和十八年九月十四日、ニューアイルランド島付近にて、敵機の攻撃をうけ損傷。昭和十九年二月十九日、ニューアイルランド島ステフェン水道南口において、敵機二十数機と交戦し沈没した。

二十三号駆潜艇

昭和十六年十一月十五日竣工。開戦時は横須賀鎮守府部隊に所属し、東京湾口哨戒に従事。昭和十七年五月、連合艦隊付属第二十三駆潜隊に編入。六月、船団を護衛してガ島に進出した。七月、第七根に編入され、ラバウルを基地としてソロモン方面への船団護衛に従事。昭和十八年十月十八日、ラバウルにて敵機の攻撃をうけ、前部切断の被害をうける。応急修理後、船団を護衛して、昭和十九年二月二十五日、朝鮮半島釜山に帰投、五月まで修理を行なう。
昭和十九年五月、第三南遣艦隊に編入され、マニラ方面にて船団護衛に従事。八月、連合艦隊付属第二十一駆潜隊に編入され、内地、高雄、上海、比島方面で船団護衛に従事。昭和二十年二月、支那方面艦隊に編入され、上海方面において船団護衛に従事した。終戦は青島で迎えた。

二十四号駆潜艇

昭和十六年十二月二十日に竣工して横須賀鎮守府部隊に編入され、東京湾口、伊勢、伊豆方面で哨戒に従事。昭和十七年五月、連合艦隊付属第二十三駆潜隊に編入され、六月、佐世保を出港して第十一、第十三設営隊を護衛してガ島に進出。八月よりラバウルを基地として船団護衛に従事。九月、第八艦隊第七根に編入され、ラバウル、ソロモン方面で哨戒に従事した。

昭和十八年に入ってラバウル～パラオ間の船団護衛に従事。昭和十九年二月十七日、トラックを出港して船団護衛中、米駆逐艦バーンズの攻撃をうけ沈没した。

二十五号駆潜艇

昭和十六年十二月二十九日に竣工し、呉防備戦隊に編入され、豊後水道哨戒に従事。昭和十七年五月三日、第五艦隊第十三駆潜隊に編入され、二十一日、横須賀を出港してキスカに進出して哨戒に従事。七月十五日、キスカ湾外にて米潜グラニオンの雷撃をうけ沈没した。

二十六号駆潜艇

昭和十六年十二月二十日に竣工し、呉防備戦隊に編入されて豊後水道で哨戒に従事。昭和十七年五月、第五艦隊付属第十三駆潜隊に編入され、キスカ攻略作戦に参加。八月、呉鎮守府部隊に編入、横須賀に帰投修理。十二月末、第八艦隊第二特根に編入されショートランドに進出して船団護衛、哨戒に従事した。昭和十八年四月よりニューギニア中部北岸のウエワク輸送に従事。昭和十九年一月、呉に帰投修理。十月、比島部隊に編入され同方面で船団護衛に従事。十二月、呉に帰投修理。昭和二十年二月末、第一海上護衛隊に編入されて朝鮮半島鎮海方面で船団護衛に従事。七月三十日、釜山西方の鎮海沖において敵機の攻撃をうけ沈没した。

二十七号駆潜艇

昭和十七年一月二十八日に竣工し、呉防備戦隊に編入され豊後水道で哨戒に従事。五月、第五艦隊第十三駆潜隊に編入され、アリューシャン列島キスカ攻略作戦に参加、ついで哨戒に従事。七月十五日、キスカ湾外にて米潜グラニオンの雷撃をうけ沈没した。

二十八号駆潜艇

昭和十七年五月十五日に竣工して連合艦隊付属第三十二駆潜隊に編入され、六月八日、佐世保を出港し、船団を護衛してラバウルに進出。七月、第八艦隊第七根に編入され、ラバウルにて船団護衛に従事。十二月末、第一根に編入されショートランドに進出して哨戒、船団護衛に従事中の昭和十八年三月二十九日、敵機の攻撃をうけ損傷、五月、横須賀に帰投修理。五月、第四根に編入され、六月よりトラック～ラバウル間の船団護衛に従事した。

昭和十九年に入ってトラック～サイパン間の船団護衛に従事。五月末、舞鶴に帰投修理。十一月、南西方面艦隊に編入され、台湾～比島間の船団護衛に従事。昭和二十年二月一日、ルソン島北方において敵機の攻撃をうけ沈没した。

二十九号駆潜艇

昭和十七年四月三十日に竣工し舞鶴鎮守府部隊に編入。五月十五日、連合艦隊付属第三十二駆潜隊に編入、ラバウルに進出して船団護衛に従事。十月末、第一根に編入され、ショートランドに進出して、哨戒、船団護衛に従事。昭和十八年五月、第四根に編入され、六月よりトラック～ラバウル間の船団護衛に従事。昭和十九年一月よりトラック～内地間の船団護衛に従事した。二月十八日、トラック西方において敵機の攻撃をうけ沈没した。

三十号駆潜艇

昭和十七年五月十三日に竣工し、連合艦隊付属第三十二駆潜隊に編入。六月、船団を護衛してラバウルに進出。七月、第一根に編入され、十月末よりショートランドにて船団護衛に従事。昭和十八年五月、第四根に編入され、九月よりトラック～ラバウル間の船団護衛に従事。昭和十九年一月よりトラック～サイパン間の船団護衛に従事し、五月末、横須賀に帰投修理。七月、横須賀を出港し、南西方面で船団護衛に従事。十二月二十四日、ボルネオ北西方において敵潜の雷撃をうけ沈没した。

三十一号駆潜艇

昭和十七年六月十五日に竣工し第八艦隊第八根に編入され、ラバウルに進出して船団護衛に従事。八月、ギルバート諸島西方、赤道直下のナウル島攻略作戦に参加後、九月ふたたびラバウルに進出。十月二十三日、ラバウルにて敵機の攻撃をうけ損傷し、十一月末、横須賀で修理。十二月末ラバウルへ進出し、船団護衛に従事した。昭和十八年三月、第四根に編入され、トラック方面において船団護衛に従事。八月、第六根に編入、マーシャル諸島クェゼリン方面で哨戒に従事。昭和十九年六月末、第三南遣艦隊に編入、マニラ方面で船団護衛に従事、ついで南西方面にて船団護衛に従事した。昭和二十年一月十二日、仏印南部において敵機の攻撃をうけ沈没した。

三十二号駆潜艇

昭和十七年八月十九日に竣工し、横須賀防備戦隊に編入され東京湾口、三陸沖方面にて船団護衛、哨戒に従事。昭和十八年三月、第四根に編入され、トラックへ進出、トラック〜ラバウル間の船団護衛に従事。九月よりニューギニア中部北岸のウエワク輸送に従事した。昭和十九年三月よりサイパン〜横須賀間の船団護衛に従事、ついで比島方面で船団護衛に従事した。九月二十四日、ミンドロ島南西方コロン湾にて敵機の攻撃をうけ沈没した。

三十三号駆潜艇

昭和十七年八月十五日に竣工し、横須賀防備戦隊に編入され東京湾口、三陸沖方面で船団護衛、哨戒に従事。昭和十八年三月、第四根に編入され、トラックへ進出しパラオ間の船団護衛に従事。昭和十九年二月十七日、トラックにおいて敵機の攻撃をうけ損傷。八月、南西方面艦隊に編入され内地〜マニラ〜シンガポール間の船団護衛に従事した。昭和二十年三月二十一日、仏印カムラン湾で敵機の攻撃をうけ沈没した。

三十四号駆潜艇

昭和十七年八月三十一日に竣工し、横須賀防備戦隊に編入され東京湾口哨戒に従事。十二月末、第八艦隊第二特根に編入され、ウエワク方面で哨戒に従事。昭和十八年十月末、呉に帰投して修理後ふたたびウエワク輸送に従事した。

昭和十九年三月、中部太平洋艦隊第三十根に編入され、パラオ方面において船団護衛に従事した。十月、第一南遣艦隊第十五特根に編入され、シンガポール方面で船団護衛に従事した。昭和二十年三月二十六日、船団護衛中、アンダマン諸島沖において英艦と交戦し沈没した。

三十五号駆潜艇

昭和十八年二月二十八日に竣工し、呉防備戦隊に編入され、豊後水道で哨戒に従事。五月、第五艦隊付属に編入され、千島方面にて哨戒、船団護衛に従事。六月、大湊警備府部隊に編入されたが、千島方面で哨戒に従事した。

八月、第八艦隊第二特根に編入され、ウエワク輸送船団護衛に従事した。

昭和十九年三月、中部太平洋方面艦隊第三十根に編入され、パラオ方面において哨戒、船団護衛に従事。五月、第四南遣艦隊第二十八特根に編入され、ダバオ、セブ方面にて船団護衛に従事。七月、第二十五特根に編入され、アンボン方面にて船団護衛に従事。十月、第一南遣艦隊第十五特根に編入され、シンガポール方面で船団護衛に従事した。昭和二十年二月二十三日、仏印南部沖において敵機の攻撃をうけ沈没した。

三十六号駆潜艇

昭和十七年十月十五日に竣工し、呉防備戦隊に編入され豊後水道で哨戒に従事。昭和十八年五月、第五艦隊付属に編入され、千島方面にて哨戒、船団護衛に従事。六月、大湊警備府に編入されたが前任務を続行。十二月、第三南遣艦隊に編入され、マニラ、豪北方面にて船団護衛に従事した。昭和十九年六月、渾作戦輸送船団護衛に従事、ついでタラカン、ミンダナオ島西南端ザンボアンガ、マニラ方面にて船団護衛に従事。十一月十四日、コロン湾で調査中、敵機の攻撃をうけ損傷、マニラに回航される。十一月十九日、マニラ発、スビック湾にて西安丸を救援中、敵機の攻撃をうけ沈没した。

三十七号駆潜艇

昭和十七年十一月二日に竣工し、呉防備戦隊に編入され豊後水道で哨戒に従事。昭和十八年三月、第八艦隊第八根に編入されラバウル～パラオ間の船団護衛に従事。昭和十九年三月、佐世保に帰投。四月より内地マニラ～高雄間の船団護衛に従事。十月、第一海上護衛隊に編入され、内地～マニラ間の船団護衛に従事。昭和二十年二月より内地～南西諸島間の船団護衛に従事。五月二十二日、奄美大島にて敵機の攻撃をうけ沈没した。

三十八号駆潜艇

昭和十七年十二月十日に竣工し、佐世保防備戦隊に編入され五島列島方面で哨戒に従事。昭和十八年三月、第八艦隊第八根に編入され、ラバウル～パラオ間の船団護衛に従事。昭和十九年二月二十一日、パラオにむけ船団護衛中、敵機の攻撃をうけ損傷した。四月、第三南遣艦隊第三十二特根に編入され、マニラ方面にて船団護衛に従事。八月、連合艦隊第二十一駆潜隊に編入され、内地～南西諸島～マニラ間の船団護衛に従事した。昭和二十年四月より朝鮮半島鎮海方面にて船団護衛に従事し、終戦は無傷のまま青島で迎えた。

三十九号駆潜艇

昭和十七年十月三十一日に竣工し、呉防備戦隊に編入され豊後水道で哨戒に従事。昭和十八年三月一日、第八艦隊第八根に編入されたが、この日より佐世保工廠で入渠整備。三月十八日、佐世保を出港し、三十日ラバウルに入港。以後、ラバウル～パラオ間の船団護衛に従事した。昭和十九年二月十六日、カビエンにて敵機の攻撃をうけ、大破座礁により放棄された。

四十号駆潜艇

昭和十八年三月三十一日に竣工し、横須賀防備戦隊に編入され伊勢方面、三陸沖方面で哨戒、船団護衛に従事。九月、第八艦隊第八根に編入され、船団を護衛してラバウルに進出し、十月よりラバウル～パラオ間、ついでラバウル～トラック間の船団護衛に従事。昭和十九年二月十九日、ビスマルク諸島付近において敵機の攻撃をうけ沈没した。

四十一号駆潜艇

昭和十八年一月三十一日に竣工し、横須賀防備戦隊に編入され横須賀～神戸間の船団護衛に従事。五月、第五十二根に編入され、大湊を基地として室蘭方面で哨戒に従事した。昭和十九年一月、第一南遣艦隊第十一特根に編入され、サイゴン方面にて船団護衛に従事。十月よりサイゴン～高雄間の船団護衛に従事した。昭和二十年二月二十二日、仏印沖にて敵機の攻撃をうけ損傷したが、シンガポールで終戦を迎え、昭和二十一年八月三日、シンガポール沖で海没処分された。

四十二号駆潜艇

昭和十八年五月三十一日に竣工し、横須賀防備戦隊に編入され横須賀～神戸間の船団護衛に従事。八月より三陸沖、八戸、女川方面の船団護衛に従事。昭和十九年二月、横須賀で修

第39号駆潜艇。19年2月16日、カビエンで空襲回避中で、この後、大破座礁

理後、父島への船団護衛に従事。三月より三陸沖、山田湾方面にて哨戒に従事。八月末、横須賀で修理後、十月より父島輸送に従事した。

昭和二十年一月二十三日、父島において敵機の攻撃をうけ損傷、横浜で修理後、五月より三陸沖において船団護衛中の七月三十一日、女川港付近で雷撃をうけ損傷のまま終戦を迎えた。

四十三号駆潜艇

昭和十八年四月七日に竣工、横須賀防備戦隊に編入され五月より千島、北海道方面にて船団護衛に従事。七月、大湊警備府部隊に編入され、千島、小樽、大湊方面にて船団護衛に従事。

昭和十九年一月、第一南遣艦隊第十一特根に編入され、船団を護衛してサイゴン方面に進出、サイゴン〜マニラ間の船団護衛に従事。昭和二十年一月十二日、カムラン湾桟橋に待機中、敵機の攻撃をうけ大破炎上擱座し終戦までそのまま放置された。

四十四号駆潜艇

昭和十八年五月十五日に竣工し、横須賀防備戦隊に編入され横浜～神戸間の船団護衛に従事。昭和十九年一月より横浜～南鳥島～父島間の船団護衛に従事。昭和二十年一月より熊野灘方面にて船団護衛に従事し、四月、第四特攻戦隊に編入され、志摩半島大王崎～清水間の護衛に従事。終戦を横須賀で迎え、終戦後は船体と機関の状態が悪く、復員輸送などに使用されずに放置された。

四十五号駆潜艇

昭和十八年十月十五日に竣工し、横須賀防備戦隊に編入され熊野灘方面にて哨戒に従事。十二月、第三南遣艦隊に編入され、船団を護衛してマニラに進出、ついでミンダナオ島ザンボアンガ、ダバオ方面にて船団護衛に従事した。昭和十九年七月よりマニラ方面にて船団護衛に従事した。十一月二十九日、オルモック輸送の途次、敵機の攻撃をうけセブ島北西方で沈没した。

四十六号駆潜艇

昭和十八年九月三十日に竣工し、横須賀防備戦隊に編入。十月、父島特別根拠地隊（特根）に編入され、父島において哨戒に従事。十二月、第三南遣艦隊に編入、船団を護衛してマニラに進出、マニラを基地としてダバオ、パラオ方面への船団護衛に従事した。

昭和十九年八月、比島、セレベス、ボルネオ方面で船団護衛に従事した。十月二十四日、被雷してマニラに曳航された重巡青葉（あおば）を護衛中、敵機と交戦し損傷。十一月よりオルモック輸送に従事した。十一月二十五日、オルモック輸送の途次、マスバテ島付近にて敵機の攻撃をうけ沈没した。

四十七号駆潜艇

昭和十八年八月十二日に竣工し、横須賀防備戦隊に編入され神戸〜横須賀間の船団護衛および東京湾口哨戒に従事。昭和十九年八月、横須賀で修理。九月より父島方面にて船団護衛に従事。十二月、石川島で修理後ふたたび父島への船団護衛の帰途、昭和二十年二月十七日、潮ノ岬南東方において敵機の攻撃をうけ損傷。三月より下田方面で哨戒、船団護衛に従事した。

昭和二十年七月十五日、第一特攻戦隊に編入され、この日、三陸岩手県の山田湾において敵機の攻撃をうけ小破したが、横須賀で終戦を迎えた。戦後は復員輸送艦となり、昭和二十二年十月、賠償艦として米国へ引き渡された。

四十八号駆潜艇

昭和十八年七月三十日に竣工し、横須賀防備戦隊に編入され東京湾口で哨戒に従事。昭和十九年三月末、サイパンへの船団護衛に従事。六月、第一海上護衛隊に編入されてサイパンからの帰途、パラオ、ダバオ、マニラ、高雄をへて横須賀に入港。八月、横須賀防備戦隊に編入、女川を基地として船団護衛に従事。昭和二十年七月十四日、塩釜沖において敵機の攻撃をうけ沈没した。

四十九号駆潜艇

昭和十九年一月三十一日に竣工し、佐世保防備戦隊大島防備隊に編入され奄美大島方面で哨戒に従事。四月、第四海上護衛隊に編入され、佐世保～沖縄間の船団護衛に従事。九月、佐世保～奄美大島間の船団護衛に従事した。
昭和二十年三月一日、鹿児島諏訪之島付近において敵機の攻撃をうけ損傷。四月二日、奄美大島で敵機の攻撃をうけ損傷した。五月、第五特攻戦隊に編入され、佐世保～青島間の船団護衛に従事。以後、佐世保を基地として哨戒、船団護衛に従事。終戦を佐世保で迎え、復員輸送艦となり、昭和二十二年十月三日、賠償艦として青島で中国へ引き渡された。

五十号駆潜艇

昭和十八年十一月三十日に竣工し、横須賀防備戦隊に編入され横須賀～神戸間の船団護衛に従事。昭和十九年一月末より横須賀～サイパン間の船団護衛に従事。六月十二日、サイパンよりの帰途、サイパン北北西にて敵機の攻撃をうけ損傷、浦賀で修理。七月十五日、横須賀を出港し、父島において哨戒に従事中の二十日、敵機の攻撃をうけ沈没した。

五十一号駆潜艇

昭和十八年十一月八日に竣工し、横須賀防備戦隊に編入。十二月、父島特根に編入され、父島、南鳥島、サイパン方面の船団護衛に従事。昭和十九年六月、横須賀防備戦隊に編入され、横須賀～父島間の船団護衛に従事。十二月五日、八丈島輸送の途次、第五十二号駆潜艇と触衝し、駆逐艦旗風（はたかぜ）に曳航されて横須賀で修理した。
昭和二十年二月より八丈島間の船団護衛に従事。七月二十八日、横須賀で敵機の攻撃をうけ損傷。横須賀で損傷したまま終戦を迎えた。

五十二号駆潜艇

昭和十八年十一月三十日に竣工し、横須賀鎮守府部隊に編入され父島間の船団護衛に従事。昭和十九年二月二十一日、洲ノ崎付近にて浮流機雷に触雷損傷し、横須賀において修理。七月より横須賀～父島間の船団護衛に従事した。

昭和二十年三月、佐世保鎮守府部隊に編入され、五月より青島への船団護衛、ついで佐世保～釜山間の護衛に従事した。八月十四日、佐世保付近で敵機の攻撃をうけ損傷して佐世保に引き返し、損傷のまま終戦を迎えた。

五十三号駆潜艇

昭和十九年三月二十日に竣工し、横須賀防備戦隊に編入。四月、第三南遣艦隊に編入され、船団を護衛してマニラに進出。以後、同方面において船団護衛に従事した。十一月二十八日、オルモック輸送中にレイテ島オルモック沖で敵機の攻撃をうけ沈没した。

五十四号駆潜艇

昭和十八年十一月十二日に竣工し、横須賀防備戦隊に編入。新潟造船所で竣工したので大湊経由で船団護衛を行ないながら横須賀に到着した。十二月、尾鷲を基地として熊野灘方面の哨戒、船団護衛に従事した。昭和十九年三月より内地～父島間の船団護衛に従事中の三月二十五日、父島の北東方にて米潜ボラックの雷撃をうけ沈没した。

五十五号駆潜艇

昭和十九年五月三十一日に竣工し、呉防備戦隊に編入され佐伯で訓練に従事。六月二十七日、第三南遣艦隊第三十二特根に編入され、七月、門司より船団を護衛して高雄を経由マニラに進出。以後、セブ、ミンダナオ島西南岸ザンボアンガ方面にて船団護衛に従事した。九月十二日、セブ港内で永洋丸に横付け救援中、敵機の攻撃をうけ被弾により損傷。翌十三日マニラに向け航行中、セブ島北方において敵機の攻撃をうけ沈没した。

五十六号駆潜艇

昭和十九年七月二十六日に竣工し、呉防備戦隊に編入され訓練に従事。八月二十五日、第二南遣艦隊第二十二特根に編入。九月、門司を出港し船団を護衛して高雄〜マニラ〜バリックパパンをへてジャワ東部北岸のスラバヤに進出して、以後スラバヤを基地としてジャワ海の哨戒、船団護衛に従事した。終戦は無傷のままスラバヤで迎えた。

五十七号駆潜艇

昭和十九年十月二十八日に竣工し、呉防備戦隊に編入され訓練に従事。十二月、第一南遣艦隊第十一特根に編入され、船団を護衛してシンガポールに進出。ついでマレー半島中部西岸沖のペナンに進出しペナン方面の哨戒、船団護衛に従事した。昭和二十年五月十八日、ペナンで触雷により小破。六月十二日、スマトラ島西端沖のサバン北方にて英艦と交戦し沈没した。

五十八号駆潜艇

昭和十九年一月二十六日に竣工し、佐世保防備戦隊に編入。二月より第十八戦隊の機雷敷設の護衛艦となり、奄美大島方面で護衛に従事。四月、第四海上護衛隊に編入されたが前任務を続行。六月、機動部隊補給隊警戒隊となり、タウイタウイ、タラカン方面への船団護衛に従事した。

昭和十九年八月末、佐世保鎮守府付属となり、佐世保にて修理。十月、佐世保～沖縄間の船団護衛に従事中の十月十日、那覇で敵機の攻撃をうけ損傷。佐世保において修理後、鎮海へ回航され修理を続行。昭和二十年一月より佐世保～奄美大島間の船団護衛に従事中の五月二十二日、奄美大島北方にて敵機の攻撃をうけ沈没した。

六十号駆潜艇

昭和十九年三月二十八日に竣工し、呉防備戦隊に編入され訓練に従事。五月、第四南遣艦隊第二十六特根に編入され、船団を護衛しマニラ～ダバオ～ハルマヘラをへてアンボンに進出。以後、同方面において船団護衛に従事した。十月、第三南遣艦隊第三十一特根に編入され、マニラ方面にて哨戒、船団護衛に従事。十二月十四日、ルソン西岸スビック湾南西において船団護衛中、敵機の攻撃をうけ損傷した。昭和二十年二月、第一海上護衛艦隊に編入され、佐世保～台湾間の船団護衛に従事。四月より九州北岸哨戒に従事、ついで鎮海方面にて哨戒、船団護衛に従事した。終戦を佐世保で迎え、復員輸送艦として使用された。

六十一号駆潜艇

昭和十九年五月八日に竣工、呉防備戦隊に編入され佐伯で対潜訓練に従事。六月、高雄警備府に編入され高雄～マニラ間の船団護衛に従事した。昭和二十年一月九日、台湾南端の海口泊地において敵機の攻撃をうけ沈没した。

六十三号駆潜艇

昭和十九年六月三十日に竣工し、佐世保防備戦隊に編入され対潜訓練に従事。七月、佐世保〜高雄間の船団護衛に従事。八月、高雄〜マニラ間の船団護衛に従事した。十月、第一南遣艦隊第十五特根に編入され、ペナン、サバン、アンダマン諸島方面の船団護衛に従事した。昭和二十年三月二十六日、船団護衛中、アンダマン諸島沖において英艦と交戦し沈没した。

（付記）駆潜艇は一号型二隻、三号型、五十一号型二隻、五十三号型、四号型（二九一トン、全長五十六・二メートル、二十ノット、航続十四ノット二千浬、連装機銃一基、投射機二、爆雷三十六個）九隻、十三号型（四三八トン、全長五十一メートル、十六ノット、航続十四ノット二千浬、高角砲一、連装機銃一、投射機二、爆雷三十六個）十五隻、二十八号型（四二〇トン、全長五十一メートル、十六ノット、十四ノット二千浬、高角砲一門、連装機銃一、投射機二、爆雷三十六個）三十四隻、駆潜特務艇一号型（一三〇トン、全長二十九・二メートル、十一ノット、航続十ノット一千浬、機銃一門、投下軌条、爆雷十八）二〇〇隻の各タイプに区分される。

水雷艇（十二隻）

千鳥（ちどり）

昭和八年十一月二十日、舞鶴工作部で竣工。昭和九年三月の友鶴事件により復原性能改善工事をおこない、十一月、二十一水雷隊に復帰。基準排水量六〇〇トン、全長八十二メートル、速力二十八ノット、航続十四ノット三千浬（かいり）、一二センチ砲三門、一二・七ミリ機銃一門、五三センチ連装発射管一基、魚雷二本、乗員一二〇名。
開戦時は第二根拠地隊（二根）第二十一水雷隊に属して、フィリピン攻略作戦に従事し、以後、蘭印攻略作戦において掃海および船団護衛に従事した。昭和十七年五月五日、大阪警備府に編入され、海面防備部隊として串本方面で船団護衛に従事したのち、昭和十八年四月、横須賀鎮守府（横鎮）部隊へ編入された。昭和十九年十一月二十五日、第三海上護衛隊に編入され、伊勢湾警備に従事中の十二月二十二日、御前崎付近にて米潜タイルフィッシュの雷撃をうけて沈没した。

真鶴（まなづる）

昭和九年一月末、藤永田造船所で竣工した千鳥型二番艇。友鶴事件の発生により性能改善工事を行ない、艦型を一変した。開戦時は千鳥とおなじく第二十一水雷隊所属で、昭和十七年三月より四月末までマカッサル、バリックパパン方面の警備に従事。五月、大阪警備府に入り、十月二十五日、横鎮部隊に編入されて横須賀〜串本間の船団護衛。昭和十八年九月五日、第一海上護衛隊に編入され内地〜南方間の船団護衛に従事し、昭和十九年四月十日、第四海上護衛隊に編入され鹿児島〜沖縄間の船団護衛に従事中の昭和二十年三月一日、那覇で艦上機の攻撃をうけ沈没した。

友鶴（ともづる）

昭和九年二月二十四日、舞鶴で竣工した千鳥型三番艇。昭和九年三月十二日、荒天下の佐世保港外で訓練中、転覆。いわゆる友鶴事件で、予備艦となり復原性能改善工事を実施し昭和十年七月、第二十一水雷隊に復帰。開戦時には千鳥とおなじく第二十一水雷隊所属で、昭和十七年三月十日、第二十四特別根拠地隊（二十四特根）に編入されて西部ニューギニア方面の攻略作戦に参加した後、同方面および蘭印方面において船団護衛をした。昭和十八年一月六日、西部ニューギニアのトアールへ陸軍部隊輸送の帰途、敵機の攻撃をうけ被弾し、五月二十日までスラバヤで修理した。

昭和十八年十月一日、第一海上護衛隊に編入され、台湾～マニラ間の船団護衛に従事した。昭和十九年四月十日、第四海上護衛隊となり内地～沖縄間の護衛に従事し、昭和二十年三月二十四日、東シナ海において船団護衛中、艦上機の攻撃をうけて沈没した。

初雁（はつかり）

昭和九年三月の友鶴事件発生時は艤装中で、ただちに復原性能改善工事を行ない、昭和九年七月十五日、藤永田で竣工。千鳥型四番艇。日米開戦時から昭和十八年一月まで友鶴と同行動をとり一月二十日、第二遣支艦隊に編入され香港(ホンコン)～厦門(アモイ)～台湾間の船団護衛に従事した。昭和十九年十一月七日、香港北方において触雷により小破し、香港で十二月末まで修理した。昭和二十年になって香港～上海間の船団護衛に従事した。五月二十五日より香港に警泊して行動せず、そのまま終戦を迎えた。

鴻（おおとり）

昭和十一年十月十日、舞鶴工廠で竣工。基準排水量八四〇トン、全長八十八・五メートル、速力三十・五ノット、航続十四ノット四千浬、一二センチ砲三門、四〇ミリ機銃一門、五三センチ三連装発射管一基、魚雷三本、乗員一二九名。

開戦時は海南警備府に所属し、海南島方面において船団護衛に従事した。昭和十七年二月十六日より四月五日まで比島方面に進出して封鎖作戦に協力した。以後ふたたび海南島方面で船団護衛に従事した。十月十八日、陸軍部隊を護衛してラバウルへ進出し、昭和十八年三月末まで同方面で船団護衛に従事した。四月一日、第四艦隊第二海上護衛隊に編入され、横須賀~トラック~ラバウル間の船団護衛に従事した。昭和十九年六月十二日、サイパンより内地に向かう船団を護衛中、サイパン島の北北西において機動部隊艦上機の攻撃をうけて沈没した。

鵯（ひよどり）

昭和十一年十二月二十日、石川島造船所で竣工した鴻型二番艇。開戦時は第二遣支艦隊第十五戦隊に所属し、南支方面部隊として香港、厦門方面において船団護衛に従事した。昭和十七年十月十四日ラバウルへ進出し、以後コロンバンガラ輸送作戦などに協力した。昭和十八年四月一日、第四艦隊第二海上護衛隊に編入され、横須賀~サイパン~トラック~ラバウル間の船団護衛に従事した。

昭和十九年七月、第一海上護衛隊に編入されて内地~台湾~シンガポール間の護衛に従事した。十一月十七日、サイゴン南方サンジャックより高雄に向かう船団の護衛中、海南島南方において米潜ガンヌルの雷撃をうけて沈没した。

隼（はやぶさ）

鴻。鴻型水雷艇８隻の一番艇の艦橋後方から煙突右舷越しに後檣を望む

昭和十一年十二月七日、横浜船渠で竣工した鴻型三番艇。開戦時には海南警備府第一水雷隊に所属し、海南島方面の海面防備に従事した。昭和十七年四月十日、南西方面艦隊第一海上護衛隊に編入され、内地～台湾～マニラ～仏印サンジャック間の船団護衛に従事した。昭和十八年十月一日、第三南遣艦隊に編入されて比島方面において船団護衛中の昭和十九年九月二十四日、ミンドロ島南方において敵機の攻撃をうけて沈没した。

鵲（かささぎ）

昭和十二年一月十五日、大阪鉄工所で竣工した鴻型四番艇。開戦時は第二遣支艦隊第十五戦隊に所属し、香港方面で監視哨戒に従事した後、同方面で陸軍輸送船団の護衛に従事した。昭和十八年二月十七日、輸送船団を護衛して雷州湾泊地に進入して揚陸作業を支援中、暗礁に座礁し、香港で二十五日間かかって修理をうけた。昭和十八年六月一日、第二南遣第二十四特根に編入されてアンボン方面へ進出し、同方面において船団護衛中の九月二十七日、ニューブリテン島北西方において、米潜ブルーフィッシュの雷撃をうけて沈没した。

雉（きじ）

昭和十二年七月末、三井玉野造船所で竣工した鴻型五番艇。日米開戦時には第三遣支艦隊第十一水雷隊に所属し、南シナ海で監視哨戒に従事した。昭和十七年二月より比島方面へ進出して船団護衛に従事した。四月十日、青島（チンタオ）特別根拠地隊に編入され北支沿岸防備についた。昭和十八年一月二十日、第二南遣艦隊第二十四特根に編入され、アンボン方面において船団護衛に従事した。昭和十九年六月二十日、第四南遣艦隊第二十六特根に編入されて、ジャワ東部北岸スラバヤ方面へ移動し、船団護衛および物件輸送の任務についていたが、スラバヤで終戦を迎えた。

雁（かり）

昭和十二年九月二十日、横浜船渠で竣工した鴻型六番艇。開戦時は雉と同行動をとり、昭和十七年二月十五日、第一南遣艦隊第十二特根に編入され、ラングーン方面に進出して船団護衛に従事した。以後、シンガポール、アンダマン、サイゴン方面の船団護衛および輸送任務についていたが、昭和二十年七月十六日、ボルネオ南方で米潜バヤの雷撃をうけて沈没した。

鷺（さぎ）

昭和十二年七月末、播磨造船所で竣工した鴻型七番艇。開戦時には第五艦隊付属で釧路東方厚岸（あっけし）～横須賀間を行動した。昭和十七年四月十日、南西方面艦隊第一海上護衛隊に編入され、内地～高雄～マニラ～パラオ～ボルネオ中部北岸ミリ間の船団護衛に従事中の昭和十九年十一月八日、ルソン島西方において米潜ガンヌルの雷撃をうけて沈没した。

鳩（はと）

昭和十二年八月七日、石川島造船所で竣工した鴻型八番艇。開戦時には鷺と同じく第五艦隊付属で厚岸～横須賀方面を行動した。昭和十七年一月十五日、呉鎮付属となったが、トラック、ラバウル方面へ春日丸（大鷹）を護衛した。帰投後、豊後水道付近において船団護衛に従事した。昭和十八年十一月、佐伯～パラオ間の輸送船団を護衛した。昭和十九年二月一日、海上護衛総司令部第一海上護衛隊に編入されて内地〜高雄〜香港〜マニラ方面への船団護衛中の十月十六日、香港南方において敵大型機の爆撃をうけて航行不能となり、海防艦第一三〇号に曳航されて香港に引き返す途中、北緯二一度四九分、東経一一五度五〇分で浸水増加により沈没した。

海防艦（五十七隻）

占守（しむしゅ）

昭和十五年六月末、三井玉野造船所で竣工。基準排水量八六〇トン、全長七十八メートル、速力十九・七ノット、航続十六ノット八千浬（かいり）、一二センチ砲三門、二五ミリ連装機銃二基、爆雷投射機と装塡台各一基、爆雷十八個、乗員一四七名。

日米開戦時は南遣艦隊に所属し、マレー上陸の陸軍輸送船団を護衛した。昭和十七年一月三日、第一南遣艦隊となり、アナンバス、パレンバン攻略作戦に参加した。七月末よりビルマ方面へ船団を護衛して行動し、その後はシンガポールのセレターを基地として同方面の船団護衛に従事した。昭和十八年十二月二十日、第一海上護衛隊に編入され、シンガポール〜内地間の船団護衛に従事した。

昭和十九年十一月、比島オルモック輸送作戦に参加した。十一月二十五日、コレヒドール島西方において敵潜の雷撃をうけ中破し、昭和二十年一月二十日より舞鶴で修理を行なった。この間に千島方面根拠地に編入され、四月はじめより大湊方面に行動した。四月十日、第一〇四戦隊に編入され、ひきつづき北海道方面を行動して終戦を迎えた。復員輸送ののちソ連に引き渡された。

国後（くなしり）

昭和十五年十一月三日、日本鋼管鶴見造船所で竣工した占守型二番艦。開戦時には大湊警備府に所属して、室蘭を基地として津軽海峡の防備に従事した。昭和十七年六月、アリューシャン攻略作戦に協力し、以後、占守島の片岡湾に進出。昭和十八年七月、キスカ撤収作戦に参加した。八月一日、千島根拠地隊に編入となり、昭和二十年四月十日に第一〇四戦隊に編入され、北海道方面の船団護衛に従事して終戦を迎えた。戦後の復員輸送中、御前崎付近

占守。占守型海防艦4隻の1番艦。北洋警備を主任務としたため、荒天時に備え長い船首楼甲板を持つ

で座礁、放棄された。

八丈（はちじょう）

昭和十六年三月末、佐世保工廠で竣工した占守型三番艦。開戦時は大湊警備府に所属し、北海道釧路東方の厚岸(あつけし)を基地として津軽海峡の防備に従事した。昭和十七年九月より千島方面に進出した。十二月一日、千島特根に編入された。昭和二十年五月十一日、占守島付近で敵機の攻撃をうけ中破。帰途、船団を護衛して小樽に帰港し、ついで青森県陸奥湾内の大湊で応急修理した後、七月二日に舞鶴に回航されてそのまま終戦を迎えた。

石垣（いしがき）

昭和十六年二月十五日、三井玉野で竣工した占守型四番艦。開戦時は大湊警備府に所属して、松輪島を基地として千島方面警備に従事。昭和十七年六月二日よりアリューシャン西方海面を哨戒後、占守島南西部片岡湾に進出した。八月二十五日より大湊で修理、整備作業した後、八戸方面で船団護衛に従事。十一月よりふたたび片岡湾に進出。昭和十八年十二月九日より大湊で改造修理新設工事に着手し、十九年一月十日、大湊を出港して小樽をへて一月二十日、横須賀に入港し、二十五日に船団を護衛してトラックへ向かった。帰途も船団を護衛して二月二十九日、横須賀に帰港した。

昭和十九年三月四日、大湊に回航され、千島方面で船団護衛に従事した。五月三十一日、松輪島へ向けて船団を護衛中、松輪島西方において米潜ハーリングの雷撃をうけ沈没した。

択捉（えとろふ）

昭和十八年五月十五日、日立桜島造船所(所在地は大阪)で竣工。基準排水量八七〇トン、全長七十七・七メートル、速力十九・七ノット、航続十六ノット八千浬、一二センチ砲三門、二五ミリ連装機銃二基、爆雷投射機と装填台各一基、爆雷三十六個、乗員一四七名。

竣工とともに佐世保鎮守府(佐鎮)付属となり、佐世保にて整備作業した後、六月一日、第一海上護衛隊に編入され、佐世保〜高雄間の船団輸送に従事した。以後、門司〜高雄〜マニラ〜シンガポール間の船団輸送に従事した。昭和十九年十二月、千島特根に編入されたが、一月十一日より二十四日まで入渠修理した。その後、上海へ船団護衛に従事して三月十五日、大湊に回航された。四月十日、第一〇四戦隊に編入され北千島、北海道方面の船団護衛に従事した。無傷のまま稚内で終戦を迎え、復員輸送に従事したのち賠償艦として米国へ引き渡され呉で解体された。

松輪(まつわ)

昭和十八年三月二十三日、三井玉野にて択捉型二番艦として竣工して第一海上護衛隊に編入され、佐世保〜高雄〜マニラ〜パラオ〜マニラへの船団護衛に従事した。以後も内地〜シンガポール間の船団護衛に従事した。昭和十九年八月二十二日、台湾よりマニラへ向かう途中、マニラ湾口の西二十五浬の地点において米潜ハーダーの雷撃をうけて沈没した。

佐渡(さど)

択捉型三番艦。昭和十八年三月二十七日、日本鋼管鶴見で竣工して第一海上護衛隊に編入され、横須賀にて整備作業した後、四月十八日より船団護衛して門司に回航した。最初は門司〜高雄間の船団護衛に従事し、ついで門司〜シンガポール間の船団護衛に従事した。昭和十九年八月二十二日、台湾よりマニラに向かう途中、マニラ湾口の西二十五浬において、米潜ハーダーの雷撃をうけ沈没。なお佐渡の出撃護衛記録は護衛回数三十一回、艦船数一三五隻、被害五隻であった。

隠岐（おき）

択捉型四番艦。昭和十八年三月二十八日、浦賀船渠で竣工し第四艦隊第二海上護衛隊に編入された。横須賀で訓練した後、四月二十日より横須賀〜トラック間の船団護衛に十往復した。昭和十九年三月よりサイパン、グアムへ向かう船団護衛に従事した。

昭和十九年七月十八日、横須賀鎮守府部隊に編入されて父島、硫黄島に向かう船団の護衛に従事中の十一月二十一日、父島よりの帰途、敵潜の雷撃をうけ曳航されて横須賀に帰港し、昭和二十年三月まで修理を行なった。三月五日、第一護衛艦隊第一〇三戦隊に編入され釜山、鎮海方面にて船団護衛に従事中、終戦を迎えた。復員輸送に従事したのち中国へ引き渡された。

六連（むつれ）

昭和十八年七月三十一日、日立桜島にて択捉型五番艦として竣工して呉鎮守府籍に編入され、呉に回航されて訓練に従事した。八月十五日、第四艦隊第二海上護衛隊となり、八月二十一日、横須賀より船団を護衛して八月三十日、トラックに入港した。九月二日、トラックを出港して横須賀に向かう途中、トラック北方において米潜スナッパーの雷撃をうけて沈没した。

壱岐（いき）

択捉型六番艦。昭和十八年五月三十一日、三井玉野にて竣工し呉鎮守府籍に編入。六月二十日より佐伯〜パラオ間の船団護衛に七往復した。昭和十九年一月末より改装修理を行ない、門司〜シンガポール間の船団護衛に従事した。四月十日、第一海上護衛隊に編入。五月二十四日、マニラよりシンガポールへ向かう船団を護衛中、ボルネオ西方において米潜レートンの雷撃をうけて沈没した。

対馬（つしま）

択捉型七番艦。昭和十八年七月二十八日、日本鋼管鶴見で竣工して呉鎮守府籍に編入され、呉に回航して整備作業した後、八月十五日、第一海上護衛隊に編入された。門司〜基隆間の船団護衛に従事し、ついでシンガポール、ダバオ、マニラ方面の船団護衛に従事した。

昭和十九年十一月十五日、第一〇一戦隊に編入され、門司〜高雄〜海南島方面への船団護衛に従事した。昭和二十年四月より朝鮮方面に行動し、六月二日、佐世保に帰港して入渠修理したが、出渠後は行動することなく佐世保で終戦を迎えた。復員輸送ののち賠償艦として中国へ引き渡された。

若宮（わかみや）

択捉型八番艦。昭和十八年八月十日、三井玉野において竣工して呉鎮守府籍に編入され、呉に回航して整備作業に従事した。八月三十日、第一海上護衛隊となり、門司〜高雄間の船団護衛に従事し、ついでマニラ〜サイゴン方面に行動した。十一月二十三日、門司より高雄にむけ船団を護衛中、米潜カジョンの雷撃をうけ沈没した。

平戸（ひらど）

択捉型九番艦。昭和十八年九月二十八日、日立桜島で竣工して横須賀防備戦隊に編入、北海道室蘭への船団護衛に従事した。十一月一日、第四艦隊第二海上護衛隊となり、横須賀〜トラック間の船団護衛に従事した。

昭和十九年三月、東松三号船団を護衛してサイパン〜パラオ〜ダバオ〜マニラと行動して六月に佐世保に帰港した。九月十二日、シンガポールより門司に向かう船団を護衛中、海南島東方海面で米潜グローラーの雷撃をうけて沈没した。

福江（ふくえ）

択捉型十番艦。昭和十八年六月二十八日、浦賀船渠で竣工、横須賀に回航して残工事作業を行なった。七月十五日、第四艦隊第二海上護衛隊となり、横須賀〜トラック間の船団護衛に従事した。昭和十九年四月十日、第一海上護衛隊に編入され、門司、マニラ、海南島方面に行動した。

昭和十九年七月十八日、大湊警備府に編入され、北海道方面において船団護衛に従事した。昭和二十年一月末より佐世保方面に行動し、三月一日、石垣島付近にて敵機の攻撃をうけ中破、佐世保で修理してふたたび大湊方面に回航した。七月十五日、青森県八戸港外で敵機の攻撃をうけ損傷したが、大湊で終戦を迎えた。戦後は復員輸送ののち英国へ引き渡された。

天草（あまくさ）
択捉型十一番艦。昭和十八年十一月二十日、日立桜島で竣工して第二海上護衛隊に編入され、横須賀〜トラック間の船団護衛に従事した。昭和十九年四月二十七日、東松第六船団を護衛してサイパンに同行した。七月より硫黄島、父島、八丈島への船団護衛、魚雷艇護衛を行なった。
昭和二十年二月十六日、伊豆大島東方にて敵機の攻撃をうけて損傷した。八月九日、女川港において敵機の攻撃をうけて沈没した。

満珠（まんじゅ）
択捉型十二番艦。昭和十八年十一月三十日、三井玉野で竣工して第二海上護衛隊に編入され、横須賀〜トラック間の船団護衛に従事した。昭和十九年三月より東松船団を護衛してサイパンに同行し、ついで東松五号船団を護衛してサイパン、パラオ、バリックパパンへと給油艦を護衛し、第一機動部隊第三補給部隊の護衛に従事した。
昭和十九年十月、第一海上護衛隊に編入され、門司〜シンガポール間の護衛に従事した。昭和二十年一月三十一日、カムラン湾沖で敵潜の雷撃をうけ中破し、シンガポールで修理した後、海南島より香港へ船団を護衛中の四月三日、香港で敵機の攻撃をうけ大破半没した。

干珠（かんじゅ）
択捉型十三番艦。昭和十八年十月三十日、浦賀船渠で竣工して第一海上護衛隊に編入され、内地〜シンガポール間の船団護衛に従事した。昭和十九年三月より給油艦を護衛してバリックパパン〜サイパン間を往復した。九月よりふたたび内地〜シンガポール間の船団護衛に従事した。昭和二十年八月一日、舞鶴を出港して朝鮮方面に行動し、八月十五日、元山沖で触雷損傷、自沈処分された。

笠戸（かさど）

択捉型十四番艦。昭和十九年二月二十七日、浦賀船渠にて竣工し、呉防備戦隊に編入されて訓練に従事した。三月二十日、連合艦隊付属となり、四月六日、横須賀より東松五号船団を護衛してパラオに入港した。四月二十七日パラオ湾口において敵潜の雷撃をうけ中破し、マニラをへて六月十七日、佐世保に帰港して修理を行なった。

十月より門司〜シンガポール間の船団護衛に従事し、昭和二十年四月より大湊方面に行動し、六月二十二日、北海道西方において敵潜の雷撃をうけ大破し、小樽で大破のまま終戦を迎えた。

御蔵（みくら）

昭和十八年十月末、日本鋼管鶴見造船所で竣工。基準排水量九四〇トン、全長七十八・七七メートル、速力十九・五ノット、航続十六ノット五千浬（かいり）、一二センチ高角砲単装と連装各一基、二五ミリ三連装機銃二基、爆雷投射機と装填台各二基、爆雷一二〇個、乗員一五〇名。

竣工とともに第二海上護衛隊に編入され、横須賀〜サイパン間の船団護衛に従事した後、昭和十九年二月まで横須賀で整備。三月より横須賀〜サイパン方面の船団輸送に従事した。七月、第一海上護衛隊に編入されて内地〜マニラ〜シンガポール間の船団護衛に従事中の九月二十三日、馬公にて敵機の攻撃をうけて中破、十二月末まで佐世保で修理を行なう。その完了後、ふたたび船団を護衛中の昭和二十年三月二十八日、宮崎県青島沖で米潜スレッドフィンの雷撃をうけて沈没した。

三宅（みやけ）

海防艦（丙型）

艦名	竣工年月日	建造所	沈没年月日	原因	場所
1	昭19—2—29	三菱神戸	昭20—4—6	飛行機	厦門南方
3	〃	〃	20—1—9	〃	基隆北西
5	19—3—19	日本鋼管	19—9—21	〃	比島付近
7	19—3—10	〃	19—11—4	潜水艦	17—43N 117—57E
9	〃	三菱神戸	20—2—14	〃	済州島南東
11	19—3—15	〃	19—11—10	飛行機	オルモック湾口
13	19—4—3	日本鋼管	20—8—14	潜水艦	35—41N 134—35E
15	19—4—8	〃	19—6—6	〃	サンジャック南西
17	19—4—13	〃	20—1—12	飛行機	サンジャック泊地
19	19—4—28	〃	〃	〃	〃
21	19—7—18	日本海	19—10—6	潜水艦	ルソン北西方
23	19—9—15	〃	20—1—12	飛行機	キノン北方
25	19—7—2	日本鋼管	20—5—5	潜水艦	黄海
27	19—7—20	〃			（佐世保）
29	19—8—8	〃			（〃）
31	19—8—21	〃	20—4—14	潜水艦	済州島付近
33	19—8—31	〃	20—3—28	飛行機	宮崎県青島沖
35	19—10—11	〃	20—1—12	〃	パダラン岬
37	19—11—3	日本海			（横須賀）
39	19—9—27	日本鋼管	20—8—7	飛行機	巨済島付近
41	19—10—16	〃	20—6—9	潜水艦	対馬海峡
43	19—7—30	三菱神戸	20—1—12	飛行機	パダラン岬
45	19—12—23	日本海			（伊勢湾）
47	19—11—2	日本鋼管	20—8—14	潜水艦	35—41N 134—38E
49	19—11—16	〃			（大湊）
51	19—9—21	三菱神戸	20—1—12	飛行機	キノン北方
53	19—11—28	日本鋼管	20—2—7	潜水艦	カムラン湾沖
55	19—12—20	〃			（北海道）
57	20—1—13	〃			（宇部）
59	20—2—2	〃			（対馬海峡）
61	19—9—15	舞鶴			（サイゴン）
63	19—10—15	三菱神戸		機雷	（七尾）
65	20—2—13	日本海	20—7—14	飛行機	室蘭港
67	19—11—12	舞鶴			（対馬海峡）
69	19—12—20	三菱神戸	20—3—16	飛行機	香港付近
71	20—3—12	日本鋼管			（北海道）
73	20—4—15	〃	20—4—16	潜水艦	39—36N 142—05E
75	20—4—12	日本海			（北海道）
77	20—3—31	日本鋼管			（呉）
79	20—5—6	〃			（北海道）
81	19—12—15	舞鶴			（七尾）
85	20—5—31	日本鋼管			（〃）
87	20—5—20	〃			（舞鶴）
95	20—7—4	新潟			（横須賀）
205	19—10—10	浪速			（大湊）
207	19—10—15	〃			（七尾）
213	20—2—12	三菱神戸	20—8—18	機雷	（釜山港）
215	19—12—30	新潟			（大湊）
217	20—7—17	三菱神戸			（七尾）
219	20—1—15	浪速	20—7—15	飛行機	函館付近
221	20—4—2	新潟			（大湊）
225	20—5—28	〃			（七尾）
227	20—6—15	浪速			（〃）

注：場所欄中の（　）は終戦時の所在を示す。

（出典：丸 Graphic Quarterly No20 1975年４月　潮書房発行）

御蔵型二番艦。昭和十八年十一月末、日本鋼管鶴見で竣工して第一海上護衛隊に編入され、門司~シンガポール間の船団護衛に従事した。昭和十九年三月三十一日、連合艦隊付属となり、サイパンへ輸送船団を護衛し、ついで給油艦を護衛してバリックパパン、マニラをへて門司に帰港した。

昭和十九年九月より門司~シンガポール間の船団護衛に従事した。昭和二十年六月二十日、佐世保帰港後は行動せずに終戦を迎えたが、八月二十一日、門司付近で触雷により航行不能となる。

淡路（あわじ）

御蔵型三番艦。昭和十九年一月二十五日、大阪の日立桜島造船所で竣工し、呉防備戦隊に編入された。二月十五日、第一海上護衛隊に編入されて門司~シンガポール間の船団護衛に従事中の六月二日、台湾南東方において米潜ギタローの雷撃をうけて沈没した。

能美（のうみ）

御蔵型四番艦。昭和十九年二月二十八日、日立桜島造船所で竣工して第二海上護衛隊に編入され、三月二十二日より東松船団を護衛して横須賀~サイパン間を往復した。六月末より大湊方面への船団護衛に従事した。

九月二十六日、千島で敵潜の雷撃をうけて損傷し、大湊で修理した後、十一月より第一海上護衛隊に編入され、内地~シンガポール間の船団護衛に従事した。昭和二十年四月十四日、門司より上海に向かう船団を護衛中、済州島付近で米潜テイランテの雷撃をうけ沈没した。

倉橋（くらはし）

御蔵型五番艦。昭和十九年二月十九日、日本鋼管鶴見で竣工し呉防備戦隊に編入されて訓練に従事していたが、三月十日、第一海上護衛隊に編入され、内地〜マニラ〜シンガポール間の船団護衛に従事した。昭和二十年六月より南朝鮮方面に行動して、そのまま終戦を迎えた。英国に引き渡され名古屋で解体された。

屋代（やしろ）

御蔵型六番艦。昭和十九年五月十日、日立桜島で竣工し呉防備戦隊に編入された。六月三日、第一海上護衛隊に編入され、内地〜マニラ〜シンガポール間の船団護衛に従事した。九月十四日、高雄港外で触雷により小破、ついで十月十一日、ルソン島北端で敵機の攻撃をうけて損傷し、釜山で修理した後、十二月末より門司〜高雄間の船団護衛に従事中の昭和二十年一月九日、高雄港外で敵機の攻撃をうけて損傷した。昭和二十年二月より中国沿岸の対潜哨戒に従事した。七月より北朝鮮方面に行動し、八月九日、雄基港外でソ連機と対空戦闘を行なった。北朝鮮より内地に向かう途中で終戦を迎えた。戦後、中国へ引き渡された。

千振（ちぶり）

御蔵型七番艦。昭和十九年四月三日、日本鋼管鶴見造船所で竣工して呉防備戦隊に編入され、五月十三日、第一海上護衛隊となり門司〜シンガポール間の船団護衛に従事した。

十月十五日より比島沖海戦補給部隊を護衛し、十二月二十日より重巡妙高の救難作業に従事した。昭和二十年一月十二日、仏印サンジャック沖において敵機の攻撃をうけ沈没した。

草垣（くさがき）

御蔵型八番艦。昭和十九年五月末、日本鋼管鶴見で竣工し、呉防備戦隊に編入されて訓練に従事していたが、七月一日、第一海上護衛隊に編入となり、マニラ、ボルネオ方面に船団を護衛中の八月七日、マニラ西方において米潜ギタローの雷撃をうけて沈没した。

日振（ひぶり）

建造期間短縮のため構造簡易化をはかった鵜来型の船体に御蔵型と同様の爆雷兵装や掃海具を装備して昭和十九年六月二十七日、大阪の日立桜島造船所で竣工。基準排水量九四〇トン、全長七十八・七七メートル、速力十九・五ノット、航続十六ノット五千浬（かいり）、一二センチ高角砲三門、二五ミリ三連装機銃二基、爆雷投射機と装塡台各二基、爆雷一二〇個、乗員一五〇名。

竣工とともに呉防備戦隊に編入され八月四日、第一海上護衛隊となり門司〜マニラ間の船団護衛に従事した。八月二十二日、マニラ湾口西方において、米潜ハーダーの雷撃をうけ沈没した。

大東（だいとう）

日振型二番艦。昭和十九年八月七日、日立桜島で竣工して第一海上護衛隊に編入され、内地〜シンガポール間の船団護衛に従事した。

昭和二十年一月十二日、仏印沿岸で敵機の攻撃をうけ小破、ついで一月十六日、海南島楡林付近で敵機の攻撃をうけて小破し、二月十日、門司へ帰港して修理を行なった。五月より朝鮮鎮海方面に行動し、七月末より北海道方面に行動して船団護衛に従事中、小樽で終戦となった。

昭南（しょうなん）

日振型三番艦。昭和十九年七月十三日、日立桜島で竣工し呉防備戦隊に編入、八月七日、第一海上護衛隊となり、内地〜シンガポール間の船団護衛に従事中の昭和二十年二月二十五日、シンガポールよりの帰途、海南島南方において米潜ハウの雷撃をうけ沈没した。

久米（くめ）

日振型四番艦。昭和十九年九月二十五日、日立桜島で竣工して呉防備戦隊に編入。十一月四日、第一海上護衛隊となり、門司〜シンガポール間の船団護衛に従事した。昭和二十年一月二十八日、門司より高雄に向かう途中の黄海で、米潜スペードフィッシュの雷撃をうけ沈没した。

生名（いくな）

日振型五番艦。昭和十九年十月十五日、日立桜島で竣工して呉防備戦隊に編入。十一月十五日、第一護衛艦隊二十一海防隊に編入され、門司〜マニラ間の船団護衛に従事し、その帰途の昭和二十年一月四日、台湾海峡において敵機の攻撃をうけた。

その後、門司〜高雄間の船団護衛に従事した。昭和二十年四月十日、長崎港外において米潜の雷撃をうけ六月十五日までかかって修理した。完成後、南朝鮮方面に行動し鎮海で終戦を迎えた。戦後は海上保安庁の定点観測船となった。

四阪（しさか）

日振型六番艦。昭和十九年十二月十五日、日立桜島で竣工し呉防備戦隊に編入されて訓練に従事していたが、昭和二十年一月二十七日、横須賀防備戦隊に編入され、横須賀〜八丈島間の船団護衛に従事した。五月以降はほとんど行動せず、横須賀で終戦を迎え、復員輸送ののち中国へ引渡し。

崎戸（さきと）

日振型七番艦。昭和二十年一月十日、日立桜島で竣工し呉防備戦隊に編入。二月二十八日より南朝鮮方面にて船団護衛に従事した。六月二十七日、朝鮮西方で触雷し釜山で修理中に終戦となった。

目斗（もくと）

日振型八番艦。昭和二十年二月十九日、日立桜島で竣工し呉防備戦隊に編入され、訓練整備したのち土佐沖で対潜掃蕩に従事した。四月四日、部崎（へさき）灯台の一六〇度四浬において触雷沈没した。

波太（はぶと）

日振型九番艦。昭和二十年四月七日、日立桜島で竣工し呉防備戦隊に編入。五月六日、第五十一戦隊に編入され、能登半島中部東岸の七尾湾で訓練に従事中の六月六日、触雷損傷し舞鶴で修理を行なった。七月二十日より南朝鮮方面および日本海西部で船団護衛に従事中、鎮海方面で終戦を迎えた。戦後は復員輸送ののち英国へ引き渡された。

鵜来（うくる）

量産化をはかるべく船型構造を簡易化、電動式揚爆雷筒および十八基の投射機と投下軌条を装備して昭和十九年七月末、日本鋼管鶴見造船所で竣工。基準排水量九四〇トン、七十八・七七メートル、速力十九・五ノット、航続十六ノット五千浬、一二センチ高角砲三門、二五ミリ三連装機銃二基、爆雷一二〇個、乗員一五〇名。

竣工とともに横須賀防備戦隊に編入され、昭和十九年九月十五日には第一海上護衛隊に編

海防艦（丁型）

艦名	竣工年月日	建造所	沈没年月日	原因	場所
2	昭19−2−28	横須賀			（舞鶴）
4	19−3−7	〃	昭20−7−28	飛行機	横須賀
6	19−3−15	〃	20−8−13	潜水艦	北海道厚別沖
8	19−2−29	三菱長崎			（北海道）
10	19 〃	〃	19−9−27	潜水艦	奄美大島北北西
12	19−3−22	横須賀			（舞鶴）
14	19−3−27	〃			（七尾）
16	19−3−31	〃			（北海道）
18	19−3−8	三菱長崎	20−3−29	飛行機	仏印東方
20	19−3−11	〃	19−12−29	〃	ルソン西岸
22	19−3−24	〃			（七尾）
24	19−3−28	〃	19−6−28	潜水艦	硫黄島南岸
26	19−5−31	〃			（七尾）
28	19 〃	〃	19−12−24	潜水艦	ルソン西岸
30	19−6−26	〃	20−7−28	飛行機	由良内
32	19−6−30	〃			（北海道）
34	19−8−25	石川島			（対馬海峡）
36	19−10−21	藤永田			（大湊）
38	19−8−10	川崎	19−11−15	潜水艦	マニラ西方
40	19−12−22	藤永田			（大湊）
42	19−8−25	三菱長崎	20−1−10	潜水艦	沖縄西方
44	19−8−31	〃			（佐世保）
46	19−8−29	川崎	20−8−17	機雷	（朝鮮木浦）
48	20−3−13	藤永田			（呉）
50	19−10−13	石川島			（大阪）
52	19−9−25	三菱長崎			（北海道）
54	19−9−30	〃	19−12−15	飛行機	ルソン北方
56	19−9−27	川崎	20−2−27	潜水艦	御蔵島東方
60	19−11−9	〃			（西鮮）
64	19−10−15	三菱長崎	19−12−3	潜水艦	海南島東方
66	19−10−29	〃	20−3−13	飛行機	〃
68	19−10−20	川崎	20−3−24	〃	東シナ海
72	19−11−25	石川島	20−7−1	潜水艦	鎮南浦付近
74	19−12−10	三菱長崎	20−7−14	飛行機	室蘭港
76	19−12−23	〃			（西鮮）
82	19−12−31	〃	20−8−10	飛行機	北鮮東方
84	〃	〃	20−3−29	潜水艦	仏印東方
102	20−1−20	〃			（対馬海峡）
104	20−1−31	〃			（〃）
106	20−1−13	石川島			（西鮮）
112	19−10−24	川崎泉州	20−7−18	潜水艦	宗谷海峡
118	19−12−27	〃			（佐世保）
124	20−2−9	〃			（〃）
126	20−3−26	〃			（呉）
130	19−8−12	〃	20−3−30	飛行機	仏印東方
132	19−9−7	播磨			（北鮮）
134	19−9−10	〃	20−4−6	飛行機	厦門南方
138	19−10−23	〃	20−1−2	〃	ルソン島西岸
144	19−11−23	〃	20−2−2	潜水艦	マレー半島東方
150	19−12−24	〃			（舞鶴）
154	20−2−7	〃			（対馬海峡）
156	20−3−8	〃			（北鮮）
158	20−4−13	〃			（北海道）
160	20−8−16	〃			（播磨）
186	20−2−15	三菱長崎	20−4−2	飛行機	奄美大島
190	20−2−21	〃			（大阪）
192	20−2−28	〃			（対馬海峡）
194	20−3−15	〃			（〃）
196	20−3−31	〃			（北海道）
198	〃	〃			（対馬海峡）
200	20−4−20	〃			（七尾）
202	20−7−7	〃			（〃）
204	20−7−11	〃			（舞鶴）

注：場所欄中の（　）は終戦時の所在を示す。

（出典：丸 Graphic Quarterly No20 1975年４月　潮書房発行）

入となり門司～シンガポール間の船団護衛に従事した。
昭和二十年一月十二日、仏印サンジャック付近にて敵機の攻撃をうけて損傷し、内地で修理したのち二月より上海、青島、鎮海方面にて船団護衛に従事した。終戦ちかくに大湊に回航を命ぜられ、大湊に向け航行中に終戦となる。戦後は海上保安庁の巡視船兼定点観測船となる。

沖縄（おきなわ）

鵜来型二番艦。昭和十九年八月十六日、日本鋼管鶴見で竣工し呉防備戦隊に編入。十月三日には第一海上護衛隊に編入となった。十月八日、門司を出港し、上海をへてマニラに船団を護衛し、ついでオルモック輸送作戦に参加。十一月十八日、パラワン島沖で敵機の攻撃をうけて損傷したが、シンガポールへ船団護衛を行なった。
昭和二十年一月十四日、呉に帰港した後は、門司～基隆間の船団護衛、四月より上海、青島方面への船団護衛に従事した。六月より日本海方面において船団護衛に従事していたが、七月三十日、舞鶴で敵機の攻撃をうけ大破し、そのまま終戦となる。

奄美（あまみ）

鵜来型三番艦。昭和二十年四月八日、日本鋼管鶴見で竣工し呉防備戦隊に編入され、能登半島七尾湾において訓練整備した後、七月五日より大湊、稚内方面にて船団護衛に従事した。北海道より七尾へ船団を護衛中に終戦となり、八月二十二日、舞鶴へ入港した。戦後は復員輸送をへて英国へ引き渡され、広島で解体された。

粟国（あぐに）
鵜来型四番艦。昭和十九年十二月二日、日本鋼管鶴見で竣工し呉防備戦隊に編入され、昭和二十年一月十七日には第一護衛艦隊に編入となり、一月二十二日より門司〜香港間の船団護衛に従事した。四月二十一日より対馬海峡方面および日本海方面にて船団護衛に従事し、舞鶴で終戦を迎えた。

新南（しんなん）
鵜来型五番艦。昭和十九年十月二十一日、浦賀船渠で竣工し呉防備戦隊に編入、十一月二十六日には第一護衛艦隊に編入となり門司、比島、高雄、香港への船団護衛に従事した。昭和二十年一月十六日、香港にて敵機の攻撃をうけて損傷した。三月二十六日より対馬海峡方面および南朝鮮方面への船団護衛に従事し、佐世保で終戦を迎えた。のちに海上保安庁巡視船となった。

屋久（やく）
鵜来型六番艦。昭和十九年十月二十三日、浦賀船渠で竣工し呉防備戦隊に編入され、十一月二十五日には第一護衛艦隊に編入となって、十二月二十三日より門司〜シンガポール間の船団護衛に従事した。昭和二十年二月二十三日、内地に向けて船団を護衛中、仏印南東沖にて米潜ハンマーヘッドの雷撃をうけて沈没した。

竹生（ちくぶ）
鵜来型七番艦。昭和十九年十二月末日、浦賀船渠で竣工し呉防備戦隊に編入、昭和二十年

三月二日には第一護衛艦隊に編入となり、門司、上海、基隆への船団護衛に従事した。ついで上海、青島方面への船団護衛に従事した。
終戦ちかく北海道方面へ回航を命ぜられ、八月十五日、函館に入港して終戦を迎えた。のちに海上保安庁巡視船となる。

神津（こうづ）
鵜来型八番艦。昭和二十年二月七日、浦賀船渠で竣工し呉防備戦隊対潜訓練隊に編入され、四月からは七尾湾にて訓練に従事した。終戦ちかく北海道方面に回航を命ぜられ、八月十七日、大湊に入港して終戦を迎えた。戦後は掃海に従事したのちソ連へ引渡しとなった。

保高（ほだか）
鵜来型九番艦。昭和二十年三月末、浦賀船渠で竣工し呉防備戦隊に編入され、五月五日には第五十一戦隊に編入され、能登半島中部東岸の七尾湾に回航して訓練に従事した。七月三日、大湊に回航して常磐、高栄丸の同方面機雷敷設を掩護した。八月になって朝鮮方面への船団護衛に従事し、舞鶴で終戦を迎えた。戦後は復員輸送ののち米国へ引き渡され浦賀で解体された。

伊唐（いから）
鵜来型十番艦。昭和二十年四月末、浦賀船渠で竣工し呉防備戦隊に編入され、五月五日には第五十一戦隊に編入となり、七尾にて待機した。七月二十三日より船団護衛に従事したが、八月一日、七尾湾口で触雷し、七尾に繋留されたまま終戦となる。戦後は秋田港の防波堤と

屋久。鵜来型海防艦の６番艦。戦時急造のため艦型や艤装の簡易化がはかられた

なった。

生野（いきの）

鵜来型十一番艦。昭和二十年七月十七日、浦賀船渠で竣工し第五十一戦隊に編入されたが、行動せず横須賀で終戦を迎えた。戦後は復員輸送ののちソ連へ引渡しとなった。

稲木（いなぎ）

鵜来型十二番艦。昭和十九年十二月十六日、三井玉野造船所で竣工し呉防備戦隊に編入、昭和二十年二月一日、第一護衛艦隊に編入となり、門司〜シンガポール間の船団護衛に従事した。三月末、部崎（へさき）灯台付近で触雷して中破した。四月末より上海、鎮海方面の船団護衛に従事し、七月より大湊方面で行動していた。八月九日、青森県八戸港にて敵機の攻撃をうけ沈没した。

羽節（はぶし）

鵜来型十三番艦。昭和二十年一月十日、三

井玉野で竣工して呉防備戦隊に編入された。昭和二十年三月一日には第一護衛艦隊に編入となり、門司、上海、基隆方面への船団護衛に従事した。ついで上海、青島、対馬海峡方面において船団護衛に従事中、終戦を迎えた。戦後は復員輸送をへて米国へ引き渡され、浦賀で解体された。

男鹿（おじか）

鵜来型十四番艦。昭和二十年二月二十一日、三井玉野で竣工し呉防備戦隊に編入。三月二十五日には第一護衛艦隊に編入となり、上海、青島方面にて船団を護衛中の五月三日、黄海において米潜スプリンガーの雷撃をうけて沈没した。

金輪（かなわ）

鵜来型十五番艦。昭和二十年三月十五日、三井玉野で竣工し呉防備戦隊対潜訓練隊に編入され、七尾湾で対潜訓練に従事した。五月五日より対馬海峡方面の哨戒、船団護衛中に終戦となる。戦後は復員輸送をへて英国に引渡しとなった。

宇久（うく）

鵜来型十六番艦。昭和十九年十二月三十日、佐世保工廠で竣工し呉防備戦隊に編入された。昭和二十年二月八日には第一海上護衛艦隊に編入され、門司〜高雄〜上海への船団護衛に従事した。四月二十八日、朝鮮黒山諸島の西方において敵機の攻撃をうけた。五月九日、門司付近で触雷し、七月二十二日まで修理を行なった。その後、内海西部で行動し、呉で終戦を迎えた。戦後は復員輸送をへて米国へ引き渡された。

高根（たかね）

鵜来型十七番艦。昭和二十年四月二十六日、三井玉野で竣工し呉防備戦隊に編入され、七尾湾で訓練した後、五月五日、第五十一戦隊に編入された。七月より津軽海峡付近で対潜対空警戒船団護衛に従事した。七月三十日、舞鶴で敵機と交戦して軽微なる損傷をうけ、舞鶴で終戦を迎えた。

久賀（くが）

鵜来型十八番艦。昭和二十年一月二十五日、佐世保工廠で竣工し呉防備戦隊に編入された。二月八日、第一護衛艦隊に編入となり、三月五日から門司〜基隆間の船団護衛に従事した。四月二十五日より南朝鮮方面の船団護衛に従事中の六月二十五日、山口県深川湾において触雷、航行不能となり中破のまま舞鶴で終戦を迎えた。

志賀（しが）

鵜来型十九番艦。昭和二十年三月二十日、佐世保工廠で竣工して呉防備戦隊に編入され、豊後水道で対潜訓練に従事した。四月十二日、舞鶴へ回航され、四月二十二日から七尾湾にて訓練した後、対馬海峡方面の哨戒に従事中、終戦となる。掃海に従事したのち海上保安庁練習船となる。

伊王（いおう）

鵜来型二十番艦。昭和二十年三月二十四日、佐世保工廠で竣工し呉防備戦隊に編入され、能登半島の七尾湾で対潜訓練に従事した。五月五日、第五十一戦隊に編入され、六月より北海道への船団輸送に従事。以後、同方面において行動し、七月十五日、八戸港外で艦上機の攻撃をうけたが被害なく、稚内で終戦となる。戦後は復員輸送に従事した。

五百島（いおじま）

支那事変中に拿捕した中国巡洋艦寧海を海防艦に改造して、五百島と命名し、昭和十九年六月二十日、横須賀防備戦隊に編入した。七月二十二日より父島、硫黄島への船団護衛に従事した。九月十九日、父島へ輸送船団を護衛中、八丈島北西方において敵潜の雷撃をうけ沈没した。

八十島（やそしま）

五百島とおなじく中国巡洋艦平海を海防艦に改造して八十島と命名し、昭和十九年六月二十日、横須賀防備戦隊に編入した。七月二日および二十二日の二回にわたり父島への輸送に従事した後、九月二十五日、巡洋艦籍に編入されたが、十一月二十五日、ルソン島西岸で敵機の攻撃をうけて沈没した。

（付記）海防艦は占守型四隻、択捉型十四隻につづき兵装強化した御蔵型八隻が建造されたが、護衛艦増強が求められるなか御蔵型の建造が進まず、かわって船体構造簡易化をはかった鵜来型が計画された。この鵜来型のうち本書ではわかりやすくするため日振型と表記した九隻（ほか大津と友知の二隻が未成）は鵜来型の船体に御蔵型と同じ爆雷兵装や掃海具を搭載した。独自の爆雷兵装をほどこした鵜来型は二十隻が完成した。

最初、占守型と択捉型を甲型、御蔵型と鵜来型を乙型（鵜来型は改乙型とも）と呼ばれたが、のち占守型から鵜来型までを甲型として統一された。

建造期間短縮のため構造簡易化してもディーゼル主機製造能力が及ばず、打開策として低出力ディーゼル主機を搭載した奇数番号艦を丙型（一号型。基準排水量七四五トン、全長六七・五メートル、速力十六・五ノット、航続十四ノット六五〇〇浬、一二センチ高角砲二門、二五ミリ三連装機銃二基、投射機十二基、爆雷一二〇個、乗員一二五名）海防艦、戦時標準船A型タービンを主機とした偶数番号艦を丁型（二号型。基準排水量七四〇トン、全長六九・五〇メートル、速力十七・五ノット、航続十四ノット四五〇〇浬、一二センチ高角砲二門、二五ミリ三連装機銃二基、投射機十二基、爆雷一二〇個、乗員一四一名）海防艦と呼んだ。

砲艦（十九隻）

嵯峨（さが）

大正元年十一月竣工。日米開戦時には第二遣支艦隊第十五戦隊に所属し、広東方面で香港攻略作戦に協力した。以後、香港方面の警戒隊となり同方面で行動した。昭和十七年七月一日、第二遣支艦隊付属となった。昭和十八年四月一日、支那方面艦隊付属となり、九月十二日、香港の港外において敵機十機の攻撃をうけ小破した。昭和十九年九月二十六日、香港の港外にて触雷により中破した。昭和二十年一月二十二日、香港で敵機の攻撃をうけ沈没した。

安宅（あたか）

大正十一年八月竣工。開戦時は第一遣支艦隊に所属し、揚子江下流警戒隊として南京〜漢口間の水路確保に従事した。昭和十八年八月二十日、支那方面艦隊上海根拠地隊に編入され、上海に回航された。昭和十九年四月より上海〜高雄間の船団護衛に従事した。その後、被害をうけることなく無傷のまま上海で終戦を迎えた。

鳥羽（とば）

明治四十四年十一月竣工。日米開戦時には上海根拠地隊付属で、上海に警泊していた。十二月八日には英砲艦ペテレルを撃沈、米砲艦ウエーキを捕獲した。昭和十七年十月より上海〜南京間の警備に従事した。昭和二十年になって上海に警泊していたが、そのまま終戦を迎えた。

勢多（せた）

大正十二年十月竣工。基準排水量三三〇トンの河用砲艦で、開戦時は第一遣支艦隊付属で安慶方面の警備に従事した。昭和十七年四月より漢口を基地として行動した。昭和十八年八月二十日、支那方面艦隊揚子江方面特別根拠地隊に編入された。十月末まで上海で整備を行なった。十一月、漢口へ回航して警備に従事した。昭和十九年五月より飛来する敵機にたいして防空浮砲台として活躍していたが、上海で終戦を迎えた。

比良（ひら）

大正十二年八月竣工の勢多型二番艦で、日米開戦時には第一遣支艦隊付属で漢口方面に警泊していた。昭和十七年四月より安慶方面に警泊し、八月より漢口方面の哨戒任務を行なった。昭和十八年五月三十一日、漢口上流で敵機の攻撃をうけ小破し、六月九日より七月末まで上海で修理を行なった。八月より漢口を基地として行動していたが、昭和十九年十一月二十六日、安慶において敵機の攻撃をうけ大破し、そのまま終戦を迎えた。

堅田（かただ）

大正十二年十月竣工の勢多型三番艦。開戦時は第一遣支艦隊付属で揚子江龍口、岳州方面の警備に従事した。昭和十七年九月より安慶、漢口方面の警備に従事した。昭和十八年八月二十日、支那方面艦隊揚子江方面特別根拠地隊に編入された。八月二十七日、漢口において敵機の攻撃をうけ小破し、漢口で応急修理をうけた後、十月一日より十一月末まで上海で大修理を行なった。その後、安慶方面の水路の確保と敵機警戒に従事していたが、昭和二十年四月二日、上海で敵機の攻撃をうけ擱座、そのまま終戦を迎えた。

保津（ほづ）

大正十二年十一月竣工の勢多型四番艦。開戦時には第一遣支艦隊付属として漢口方面の警備に従事した。昭和十七年十月より安慶、南京方面の警備に従事した。昭和十九年十一月二十六日、安慶において敵機の攻撃をうけ大破擱座して放棄された。

熱海（あたみ）

昭和四年六月末竣工。基準排水量二〇五トンの河用砲艦で、日米開戦時は第一遣支艦隊付属として安慶、漢口方面の警備に従事した。昭和十八年六月十日、洞庭湖北方において敵機の攻撃をうけ機銃掃射により小破し、六月二十八日より上海にて修理を行なった。八月二十日、揚子江特根に編入された。その後も主として安慶方面において移動哨戒を行なっていて、上海方面で終戦を迎えた。

二見（ふたみ）

昭和五年二月末竣工の熱海型二番艦。開戦時、第一遣支艦隊付属で安慶、漢口方面の警備に従事した。昭和十八年八月より揚子江中流方面の警備および対空警戒に従事し、九江方面にて対空戦闘を九回おこなった。昭和二十年になってからは揚子江上流の警備を命ぜられたが、機雷のため九江より一度も出動せず、終戦を迎えた。

伏見（ふしみ）

昭和十四年七月竣工。基準排水量三〇四トンの河用砲艦で、開戦時には第一遣支艦隊付属で揚子江上流警戒隊として岳州、漢口方面を行動した。昭和十八年八月二十日、揚子江特根に編入された。昭和十九年十一月二十六日、安慶において敵機の攻撃をうけて擱座し、そのまま終戦を迎えた。

隅田（すみだ）

昭和十五年五月末竣工の伏見型二番艦で、開戦時には第一遣支艦隊付属で、揚子江中流警戒隊として漢口方面を行動した。昭和十七年六月二十二日、戦闘機五機の機銃掃射をうけ、戦死十二名の被害をうけ、船体も小破した。上海で修理したのち揚子江下流警戒隊となり、安慶方面を行動した。昭和十八年八月二十日、揚子江方面特根に編入され、下流隊となって九江方面を行動した。昭和十九年十一月二十五日、安慶で敵機の攻撃をうけ小破した。その後あまり行動せず終戦を迎えた。

橋立（はしだて）

昭和十五年六月末竣工。基準排水量九九九トン、一二センチ高角砲三門と連装二五ミリ機銃二基装備で航洋性を備えていた。開戦時は第二遣支艦隊第十五戦隊に所属し、南支の広東方面の監視警戒に従事し、商船九隻を拿捕した。昭和十七年五月より厦門（アモイ）方面に行動し、五月十九日、川石島に陸戦隊を揚陸、これを占領した。以後ほとんど香港方面で行動した。昭和十八年八月三十日、船団護衛中に敵機の機銃掃射をうけ小破孔を生じ、香港に引き返して修理をうけた。このころより香港〜高雄間の船団護衛に従事するようになった。昭和十九年五月二十二日、香港より高雄に向かう船団護衛中、香港東南東の地点において敵潜の雷撃をうけて沈没した。

宇治（うじ）

昭和十六年四月末竣工の橋立型二番艦。開戦時には第一遣支艦隊付属で香港攻略作戦に協力し、以後、香港方面の警戒に従事した。昭和十七年三月二十三日、上海に回航して揚子江部隊主隊となり、漢口方面を行動した。昭和十八年八月二十日、揚子江特根に編入された。昭和十九年三月より上海〜高雄間の船団護衛に従事した。昭和二十年四月からは上海〜青島間の船団護衛に従事していたが、無傷のまま上海で終戦を迎えた。

多多良（たたら）

米砲艦ウエーキを日米開戦時に上海で拿捕し、昭和十六年十二月二十五日、多多良と改名して上海根拠地隊に編入し、江南造船所で艦内改造作業を行ない、昭和十七年一月二十六日に引き渡された。主として南京に警泊し、その後、敵機と交戦したが被害をうけることなく上海で終戦を迎えた。

須磨（すま）

香港で沈没した英砲艦モスを引き揚げたものを昭和十七年七月一日、砲艦須磨と改名して第二遣支艦隊に編入したが、まだ第二海軍工作部で改装工事中で、十月十五日に引き渡された。

香港方面部隊に編入されて、主として香港に警泊していた。昭和十八年八月二十日、揚子江特根に編入され、上海に回航され揚子江下流の警戒隊として安慶、南京に警泊した。昭和二十年三月二十二日、安慶付近で触雷により沈没した。

唐津（からつ）

マニラ湾キャビテで沈没した米砲艦ルソンを引き揚げて改装したものを、昭和十七年八月一日、砲艦唐津と改名して第三南遣艦隊付属として編入された。十月十五日、

橋立。旗艦設備をもつ大型砲艦。全長80.5m、速力19.5ノット。12cm高角砲３門

工事が終了したのでセブ警備隊に編入して、セブ付近の小島に陸戦隊を揚陸して掃蕩作戦を行なった。

昭和十九年三月三日、作戦に従事中、スル海東部において米潜ナーワールの雷撃をうけて航行不能となり、マニラに曳航されて修理に着手したが完成せず、昭和二十年二月五日、マニラ撤収により爆破処分された。

舞子（まいこ）

ポルトガル砲艦マカオを購入して、昭和十八年八月十五日、舞子と改名して第二遣支艦隊に編入された。昭和十八年十月に整備完了して香港方面警戒隊に編入され、主として香港に警泊していた。昭和十九年五月から広東～香港間の移動哨戒に従事するようになった。その後、被害をうけることなく広東で終戦を迎えた。

鳴海（なるみ）

伊砲艦エルマーノカルロットが上海で自沈したのを引き揚げて、砲艦鳴海と改名して昭和十八年十一月一日、揚子江特根に編入された。揚子江下流の警戒隊として上海、安慶方面に行動した。昭和二十年一月十五日、武漢において敵機の攻撃をうけ小破した。その後は被害をうけることなく、上海で終戦を迎えた。

興津（おきつ）

伊砲艦レパントが上海で自沈したのを引き揚げて、砲艦興津と改名して昭和十九年三月一日、支那方面艦隊上海根拠地隊に編入された。六月五日より上海～高雄間の船団護衛に従事した。昭和二十年五月からは上海〜青島間の船団護衛に従事した。上海で無傷のまま終戦を迎えた。

特務艦（四十二隻）

明石（あかし／工作艦）

昭和十四年七月末、佐世保工廠で竣工。優秀な工作施設をもつ海軍唯一の新造艦で、日米開戦時は連合艦隊付属としてパラオ、ダバオ、アンボン方面に行動して損傷艦の修理を行ない、昭和十七年四月三十日、呉に帰投して整備した後、六月四日、トラックへ進出し、以後、昭和十九年二月十八日まで、ソロモン方面で損傷をうけてきた艦艇の修理で追われた。

昭和十九年二月十七日、トラックで敵機動部隊の攻撃をうけたが軽微の損傷で、パラオに回航して修理工作に従事していたが、三月三十日、パラオでふたたび敵機動部隊の攻撃をうけて沈没した。

朝日（あさひ／工作艦）

明治三十三年七月末、英国で戦艦として竣工。大正十年九月に一等海防艦、大正十二年四月に練習特務艦となったが、潜水艦救難用に改造され簡単な工作施設もそなえ、昭和十二年八月、正式に工作艦となった。昭和十七年三月、シンガポールに進出して艦船修理に従事した。

艦船修理のため警泊。開戦時には連合艦隊付属として仏印カムラン湾で南方部隊の艦船修理に従事した。

昭和十七年五月二十二日、シンガポールを出港して内地へ回航中の五月二十五日、カムラン湾南東方二十浬（かいり）で、米潜サーモンの雷撃をうけ、明くる二十六日午前一時三分に沈没した。

知床（しれとこ／給油艦）

大正九年九月二十日、神戸川崎で竣工。基準排水量一万四〇五〇トン、速力十二ノット。開戦時には第四艦隊付属でマーシャル方面への燃料補給、人員、軍需品の輸送に従事した。昭和十八年二月二十一日、横須賀に帰港した後、播磨に回航して六月末まで修理を行なった。七月十四日よりふたたびマーシャル方面へ燃料などの補給に従事中の九月十二日、マーシャル諸島クェゼリン付近において雷撃をうけ航行不能となり、曳航されてルオットで応急修理をうけた後、桃川丸に曳航されて内地に向かう途次の十一月十三日、マリアナ西方にて魚雷一本をうけたが、十一月二十五日、佐世保へ帰港し昭和十九年五月五日まで修理をうけた。昭和十九年五月二十九日、門司を出港し、船団を組んでマニラ、タラカン、バリックパパン方面に行動して輸送補給に従事した。七月六日、南西方面艦隊付属となり、ボルネオ、比島方面への輸送補給に従事中の十月七日、マニラ北西方にて雷撃をうけ大破した。昭和十九年十一月三日、シンガポールに回航されて浮ドックで修理中の昭和二十年二月一日、B29の爆撃をうけて大破し、修理の見込みがなくなったので放棄された。

襟裳（えりも／給油艦）

大正九年十二月十六日、神戸川崎造船所で竣工した知床型三番艦。開戦時は第二艦隊付属で南遣艦隊指揮のもとに海南島、カムラン湾で各艦に燃料補給を行なった。昭和十七年一月になってマレー半島シンゴラ、マレー半島東方沖のアナンバスへ進出して重油や糧食補給に従事した。三月一日、アナンバスを出港してジャワ海において蘭印攻略部隊に燃料の補給中

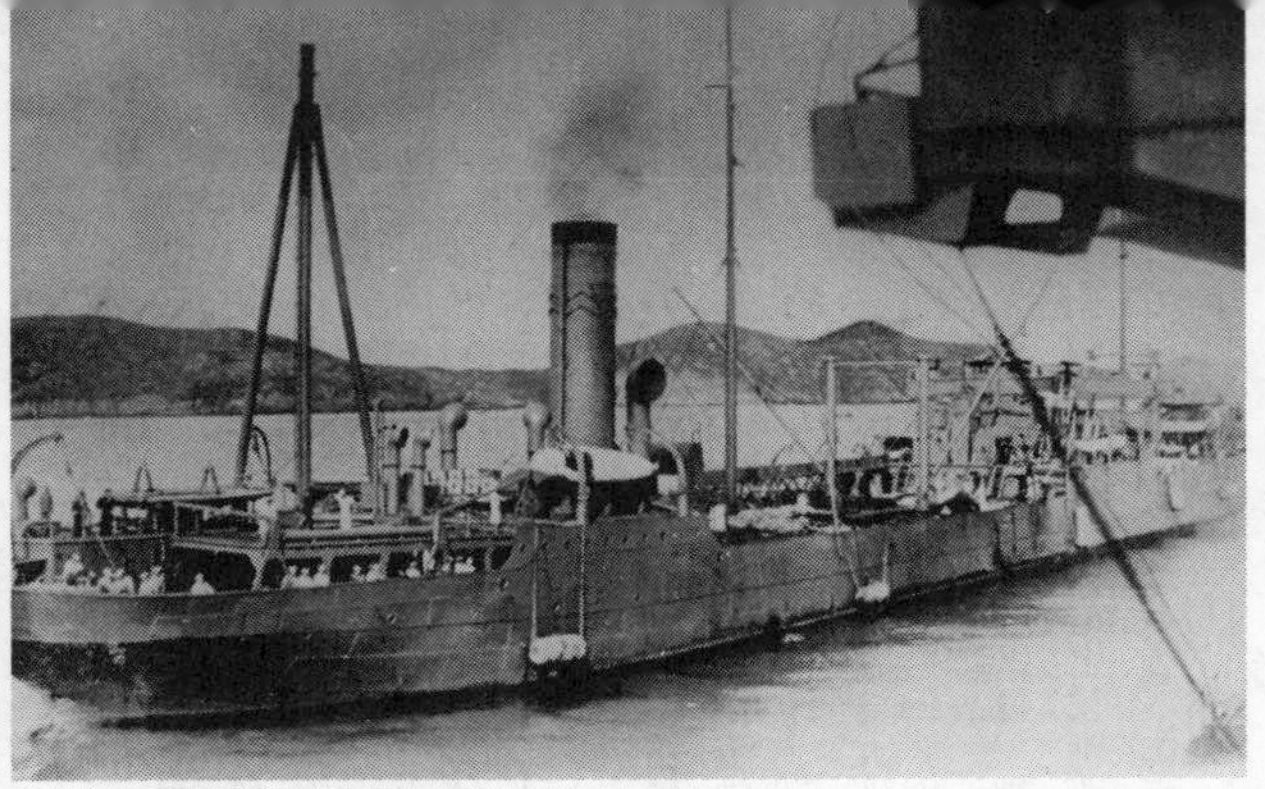

襟裳。知床型7隻の2番艦で手前の艦に横付け準備中。艦尾三脚型は給油ポスト

の三月四日、潜水艦の雷撃をうけ沈没した。

佐多（さた／給油艦）

大正十年三月二十四日、三菱横浜船渠で竣工した知床型三番艦。開戦時には佐世保鎮守府付属として唐津沖で伊六一潜の救難作業に従事した。昭和十七年二月十一日、海軍省配属となり四月、内地〜サイゴン間の燃料輸送を行なった。六月、ミッドウェー海戦に攻略部隊補給隊として参加した。以後、昭和十八年一月末まで内地各所への重油輸送に従事した。

昭和十八年二月三日より内地〜南方間の重油輸送に従事し、十一月、南方よりパラオをへてトラックに進出、艦船に燃料補給を行なった。昭和十九年二月十七日、トラックよりパラオへ向かう途次、敵潜の雷撃をうけ、曳航されてパラオに入港し修理をうけていたが、三月三十一日、敵機動部隊の攻撃をうけて沈没した。

鶴見（つるみ／給油艦）

大正十一年三月四日、日立桜島造船所で竣工した知床型四番艦。開戦時には連合艦隊付属で、小笠原にて南洋部隊に燃料補給を行なった。昭和十七年二月九日、カムラン湾へ進出して南方部隊に燃料補給を、ついで蘭印攻略部隊に燃料を補給した後、六月、ミッドウェー海戦に参加した。九月十八日に内地を出港して昭和十八年二月末までラバウル方面へ進出、輸送補給に従事したのち、ボルネオ南東岸バリックパパンに回航され、以後、内地〜南方間の重油輸送を行なった。

昭和十九年一月よりふたたびトラック、サイパン方面へ重油輸送に従事した。五月より機動部隊に配属され、ボルネオ北東端沖のタウイタウイで補給を行なった。八月五日、バリックパパンよりダバオに回航され、八月五日、ミンダナオ島ダバオを出港してバリックパパンに向かう途次、ミンダナオ島の南方で潜水艦の雷撃をうけて沈没した。

尻矢（しりや／給油艦）

大正十一年二月八日、三菱横浜船渠で竣工した知床型五番艦。開戦時は連合艦隊付属でミッドウェー砲撃隊給油艦としてウェーク島東方へ進出し、昭和十七年一月二十日より北方部隊補給艦として千島、北海道方面に行動した。八月三十日、横須賀を出港してトラックへ重油輸送に従事した。十月二十二日より内地〜シンガポール間の重油補給を二往復おこなった。

昭和十八年一月より蘭印方面への重油輸送に従事した。八月九日、内地よりシンガポールへ糧食輸送の帰途、重油を搭載して馬公より内地に向かって航行中の九月二十一日、基隆の北東九十浬の地点で雷撃をうけ、明くる二十二日に沈没した。

石廊（いろう／給油艦）

大正十一年十月末、日立桜島で竣工した知床型六番艦。開戦時には第四艦隊付属でウェーク島攻略作戦に参加した。昭和十七年一月五日、横須賀を出港してラバウル攻略作戦、サラモア攻略作戦に参加した。以後、ソロモン方面攻略部隊の補給部隊となり、同方面において行動した。昭和十七年八月よりトラック、サイパン方面で補給に従事した。昭和十八年二月二十七日、マーシャル諸島南端ヤルートの西方にて雷撃をうけ大破し、応急修理をうけた後、呉に回航され、十一月三十日まで修理を行なった。十二月八日、佐伯発の船団護衛に協力してパラオに進出し、以後、パラオ〜バリックパパン間の重油輸送に従事していた。昭和十九年三月三十日、パラオにおいて敵機動部隊の攻撃をうけて航行不能となり、翌三十一日、さらに爆撃をうけて大破擱座した。

隠戸（おんど／給油艦）

大正十二年三月十二日、神戸川崎で竣工。基準排水量一万四〇五〇トン、速力十二ノット、知床型とほぼ同型の運送艦で、日米開戦時には第六艦隊付属としてマーシャル諸島クェゼリンにおいて潜水部隊の補給に従事した。昭和十七年八月十三日、クェゼリンよりトラックへ向かう途中、米潜の雷撃三本をうけたが不発だった。昭和十八年二月二日までトラックで補給に従事。以後、シンガポールをへて内地へ重油を還送した。

昭和十八年四月十五日より内地〜シンガポール間の重油還送に従事中の十一月十八日、パラオよりボルネオ東岸のタラカンに向かう途中、セレベス海にて米潜の雷撃をうけて航行不能となり、曳航されてマニラに回航され、キャビテにおいて修理に従事した。昭和十九年十一月十三日、敵機動部隊の攻撃をうけて大破したので、十二月二十日に除籍された。

早鞆（はやとも／給油艦）

大正十三年五月十八日、呉工廠で竣工した隠戸型二番艦。開戦時は第三艦隊付属で、南比攻略部隊の補給に従事した。昭和十七年一月二十七日、佐世保を出港して蘭印攻略部隊の補給に従事した。三月十日、第二南遣艦隊付属となり、西部ニューギニア攻略作戦に参加した後、ジャワ方面にて重油輸送に従事中の八月二十三日、アンボン湾口で敵潜の雷撃をうけて航行不能となり、アンボンで応急修理をうけた後、シンガポールで昭和十八年八月末まで修理を行なった。

昭和十八年九月三十日、マニラへ重油を輸送し、十月九日、シンガポールに向かう途次、ボルネオ付近で敵潜の雷撃をうけて航行不能となり、曳航されてタラカンで応急修理。その後も曳航されて各地を転々とした後、昭和十九年十月二十三日、曳航されてシンガポールに入港、修理を行なったが、その後は行動することなく、中破のまま終戦を迎えた。

鳴戸（なると／給油艦）

大正十三年十月末、横須賀工廠で竣工した隠戸型三番艦。開戦時には連合艦隊付属で、マーシャル方面でウェーク攻略部隊の補給に従事した。昭和十七年一月には蘭印攻略部隊の補給、ついで比島部隊の補給に従事した。ミッドウェー作戦には主力部隊補給隊として参加した。九月一日、ショートランドに進出し、以後パラオ、ニューアイルランド島カビエン方面に行動した。昭和十八年一月十七日、ラバウルに入港して昭和十九年一月までラバウルで補給任務に従事していたが、一月十四日、ラバウルで敵機の攻撃をうけ大破擱座した。それでもなお固定繋留され対空戦闘に従事していたが、三月十五日、連日の空襲で被害がかさなり、ついに総員退艦となり放棄された。

室戸（むろと／運送艦）

大正七年十二月七日、三菱神戸造船所で竣工。基準排水量八二一五トン、速力十二・五ノット。昭和七年の上海事変時に特務艦のまま病院船施設をそなえた。日米開戦時には連合艦隊付属で、カムラン湾において訓練に従事した。昭和十七年三月十三日、シンガポールに回航して治療任務に従事しながら、スマトラ、ペナンへ石炭真水を補給した。六月八日、横須賀へ帰投し、大湊、千島方面に行動して治療任務に従事した。

昭和十八年四月、舞鶴で整備した後、内地〜上海〜香港方面への軍需品輸送に従事した。昭和十九年四月ふたたび舞鶴で整備したのち、内地〜台湾〜仏印方面への軍需品輸送に従事した。七月末より沖縄輸送に従事中の十月二十二日、鹿児島より沖縄へ向かう途次、薩南諸島付近にて潜水艦の雷撃をうけて沈没した。

野島（のじま／運送艦）

大正八年三月末、三菱神戸で竣工した室戸型二番艦。開戦時には海軍省付属であったが、昭和十六年十二月二十日より南遣艦隊付属となり、給炭艦としてカムラン湾へ向かう途中の十二月二十七日、香港の南西三十浬の地点において敵潜の雷撃をうけ、前部を切断して紅海湾に擱座した。昭和十七年一月二十九日より香港で十二月八日まで修理を行なった。佐世保に回航して整備した後、昭和十八年一月十九日、ラバウルへ軍需品を輸送して進出した。以後、輸送作戦に従事した。三月三日、ラエ輸送作戦に従事中、東部ニューギニアのクレチン岬南方において敵機の攻撃をうけ沈没した。

樫野（かしの／運送艦）

昭和十五年七月十日、三菱長崎で竣工。基準排水量一万三六〇トン、速力十四ノット、一二センチ高角砲二門。呉鎮守府付属の大和型砲塔運搬艦として建造された艦で、給兵艦に類別されるものであった。

開戦前にその本務は完了し、呉に待機していたが、昭和十七年二月十六日より軍需品を搭載して海南島へ輸送し、帰途は鉄鉱を搭載して三月十五日、呉に入港した。それから約四ヵ月、内地で軍需品輸送に従事したのち、七月二十四日、呉を出港してマニラ、マカッサルへの補給輸送に従事した帰途の九月四日、台湾北方において敵潜の雷撃をうけて沈没した。

風早（かざはや／給油艦）

基準排水量一万八三〇〇トン、十六・五ノット、水線長一五七・二三メートル、一二センチ高角砲三門の艦隊随伴用大型高速タンカーで、昭和十八年三月末日に播磨造船所で竣工して連合艦隊付属となり、四月七日、横須賀を出港してスマトラ東部パレンバン、トラック、ラバウルへの重油輸送に従事し、帰途パレンバンより重油を搭載して呉に入港した。

昭和十八年六月二十一日、佐世保を出港してふたたびパレンバン、トラック、ラバウルへ重油の輸送に従事した。七月二十七日、カビエン北西方で敵潜の雷撃をうけ、横須賀に帰投した後、播磨造船所で修理を行なった。九月三十日、呉を出港してスマトラ東部トラックへ向かう途中の十月六日、トラックの北西方二五〇浬の地点で敵潜の雷撃をうけて沈没した。

速吸（はやすい／給油艦）

運送艦風早の航空兵装強化型で、一二・七センチ高角砲四門。飛行甲板を設けカタパルト一基、水上攻撃機六機を搭載可能で、給油艦兼補助空母の構想を初実現したもの。昭和十九年四月二十四日に播磨造船所で竣工して中部太平洋方面艦隊付属となり、内海西部で訓練中の五月五日、伊一五五潜と触衝事故をおこした。五月十一日、呉を出港してマリアナ沖海戦に参加して、六月二十四日、呉に帰港した。八月九日、伊万里を出港してシンガポール南方、スマトラ中部東岸沖のリンガ泊地に進出途中の八月十九日、ルソン島北西方において敵潜の雷撃をうけて沈没した。

針尾（はりお／給油艦）

船体寸法等は風早、速吸とほぼ同じで、機銃が増備されている。昭和十九年十二月一日、播磨造船所で竣工して連合艦隊付属となり、広島湾方面において訓練整備を行ない、昭和二十年一月二十日、呉を出港する船団を編成してシンガポールへ輸送を行なった。同地で補給をうけ、二月二十三日、船団を編成してシンガポールを出港したが、三月三日、海南島楡林港外で触雷により沈没した。

足摺（あしずり／給油艦）

基準排水量七九五一トン、速力十六ノット、水線長一三〇メートル、一二・七センチ連装高角砲二基、二五ミリ連装機銃二基。空母搭載機用燃料の軽質油の輸送補給を主任務とし、魚雷や爆弾、補用機などの補給を兼務し空母に随伴できるよう設計された。
昭和十八年一月三十日に三菱長崎で竣工して連合艦隊付属となり、三月三日よりバリックパパンへの往復輸送任務に従事した。六月より昭和十九年二月までの間に、シンガポールより軽質油還送に四回従事した。二月二十一日、門司を出港してバリックパパン〜マニラ〜高雄〜マニラ〜バリックパパンと行動して、軽質油を補給した。ついでサイパンへ輸送したその帰途の六月五日、ミンダナオ島西方において米潜の雷撃をうけ給油艦高崎(たかさき)とともに沈没した。

塩屋(しおや/給油艦)
足摺型二番艦。昭和十八年十一月九日に三菱長崎で竣工して連合艦隊付属となり、十二月三十一日、佐世保を出港してバリックパパンで航空揮発油を搭載した。昭和十九年一月二十八日、ミンダナオ島南西方において陸軍船団より砲撃をうけて損傷したため、揮発油をダバオに揚陸した。
その修理後、バリックパパンへ回航して航空揮発油を搭載、二月二十八日、佐世保へ帰投した。三月十九日に佐世保を出港してバリックパパン〜ダバオ間の揮発油輸送に従事中の六月八日、セレベス島メナド西方の北緯三度一五分、東経一二四度三分において敵潜の雷撃をうけて沈没した。

洲埼(すのさき/給油艦)
基準排水量四四六五トン、速力十六ノット、水線長一〇六メートル、一二センチ砲二門、二五ミリ連装機銃二基。飛行機用軽質油運搬艦。足摺型と同任務で中型空母一個戦隊分の補給能力を有した。

昭和十八年五月十五日、三菱横浜造船所で竣工して連合艦隊付属となり、六月より昭和十九年一月までの間にシンガポールへ軽油輸送に三回従事した。三月十九日、佐世保を出港し、バリックパパンに進出してサイパン、タウイタウイへ燃料を補給した。

昭和十九年七月より比島部隊に協力して人員物件輸送に従事した。八月一日、ボルネオ北東方で敵潜の雷撃をうけて小破したが、航行に差し支えなく九月一日、マニラに入港、十七日にキャビテに回航して入渠した。九月二十一日、敵機動部隊の攻撃により直撃弾八発をうけ、弾薬が誘爆して大火災となり放棄された。

高崎（たかさき／給油艦）

洲埼型二番艦。昭和十八年九月二日に三菱横浜で竣工して海軍省付属となり、九月十五日より門司〜シンガポールへの輸送に従事した。十月二十六日から横須賀〜シンガポール〜グアムへ航空揮発油を輸送した。

昭和十九年二月五日、連合艦隊付属に編入され、二月十八日より呉〜バリックパパン〜パラオ〜サイパンと航空揮発油を輸送した。五月十二日よりふたたびバリックパパン〜サイパンへの輸送に従事した。ついでヤップに人員物件を輸送し、六月一日、ヤップを出港してバリックパパンに向かう途中の六月五日、ミンダナオ島西方にて敵潜の雷撃をうけ、給油艦足摺（あしずり）とともに沈没した。

間宮（まみや／給糧艦）

大正十三年七月十五日、神戸川崎で竣工。基準排水量一万五八二〇トン、速力十四ノット、垂線間長一四四・七八メートル、一四センチ砲二門、八センチ高角砲二門、二五ミリ機銃十一門。大型商船式の船体に乗員一九五名。腕ききのコックや菓子職人のみならず牛舎や食肉処理施設まであった。

日米開戦時は連合艦隊付属で、昭和十六年十二月十九日、パラオへ進出して所在艦船に糧食補給を行ない、ついでパラオ、ダバオ、ボルネオ方面の部隊への補給に従事した。昭和十七年四月より内地〜トラック間を十往復して、トラックの艦船に補給を行なった。昭和十八年十月十二日、トラックへ向かう途中、父島の西南西約三〇〇浬の地点で敵潜の雷撃をうけ、曳航されて呉に帰港して修理を行なった。

昭和十九年五月六日、パラオ〜基隆をへて門司へ向かう途中、五島列島南西方にてふたたび敵潜の雷撃をうけ、警備艦海威（かいい）（もとは二等駆逐艦の樫で満州国へ譲与され改名）に曳航されて佐世保へ帰港して修理を行なった。九月末、修理を完了してマニラ、サイゴンへ補給を行ない、サイゴンよりの帰途、十二月二十日、海南島東方二五〇浬の地点において敵潜の雷撃をうけ沈没した。

伊良湖（いらこ／給糧艦）

基準排水量九七五〇トン、水線長一四五・一メートル、速力十七・五ノット、一二センチ連装高角砲二基。間宮よりはるかにすぐれた設備をもつ新式大型の貨物船型石炭専焼罐艦。

日米開戦直前の昭和十六年十二月五日に神戸川崎で竣工し、内海西部において艦船に糧食を補給した後、昭和十七年一月十四日よりトラック、サイパン方面へ糧食を補給して、呉に帰港した。ついでダバオ、スターリング湾の艦船に補給した。四月末よりシンガポールへ輸送を行ない、八月末より昭和十八年十二月の間に内地〜トラック間を十二往復した。

昭和十九年一月二十日、トラックよりの帰途、敵潜の雷撃をうけ曳航されてトラックにて応急修理をうけたのち、内地で修理を行なった。七月五日、南西方面艦隊付属となり、九月二日にマニラへ進出し、二十二日、ミンドロ島南西方ブスアンガ島のコロン湾に避退したが、二十四日、コロン湾にて敵機動部隊の攻撃をうけ大破炎上したので放棄された。

杵崎（きねざき／給糧艦）

基準排水量九二〇トン、水線長五十九・三五メートル、速力十五ノット、一二センチ連装高角砲二基。昭和十五年九月末、日立（大阪鉄工）桜島造船所で竣工した雑役船（冷凍船）南進を昭和十七年四月一日、特務艦籍に編入して杵崎と改名したもので、第四艦隊付属でトラック、ラバウル方面への糧食補給に従事した。

昭和十八年一月七日より十八年末までギルバート、マーシャル方面への糧食輸送に従事した。昭和十九年一月末、横須賀に帰港して整備した後、六月、船団を護衛してサイパン、奄美大島、鹿児島へと行動した。

昭和十九年七月十五日より八月二十二日まで佐世保で整備した後、昭和二十年三月まで南西諸島に補給および船団護衛を七往復おこなった。昭和二十年三月一日、沖縄輸送の途次、奄美大島にて敵機の攻撃をうけ沈没した。

早埼（はやさき／給糧艦）

雑役船（冷凍船）として日立桜島で建造中の昭和十七年四月一日、特務艦籍に編入され八月末に竣工した杵崎型二番艦。連合艦隊付属となって横須賀で訓練した後、十二月八日よりラバウルへ補給を二往復おこなった。

昭和十八年四月はマーシャル方面へ補給を行ない、五月より十八年末までラバウル方面への補給と船団護衛に従事した。この間の十一月二日、ラバウルで敵機の攻撃をうけ、直撃弾二発をうけた。

昭和十八年十二月十日より横浜で修理を行ない、十九年三月二十二日からサイパン、ダバオ、スラバヤと行動し、以後、スラバヤ、シンガポール方面の艦船に補給を行なった。そして無傷のままシンガポールで終戦を迎えた。

白埼（しらさき／給糧艦）

早埼と同様の経緯をへて昭和十八年一月三十日に日立桜島で竣工した杵崎型三番艦。連合艦隊付属となり、三月二日より青森県大湊を基地として千島方面所在の北方部隊に糧食補給を行なった。昭和十九年三月末、幌筵で触礁修理。昭和二十年四月になって大湊、小樽方面の船団護衛に従事した。無傷のまま大湊で終戦を迎えた。

荒埼（あらさき／給糧艦）

早埼と同様の経緯をへて昭和十八年五月二十九日に日立桜島で竣工した杵崎型四番艦。連合艦隊付属となり、八月五日、ラバウルへ進出して糧食補給した後、ダバオに回航されて生糧品を搭載してラバウルへ補給を行なった。九月末より、りおん丸を護衛してスラバヤに回航した後、ラバウルへ引き返した。十一月二日、ラバウルで敵機の攻撃をうけてスラバヤで修理した。十二月十四日よりスラバヤ〜ラバウル間を二往復して補給に従事した。

昭和十九年二月よりダバオ、パラオ方面に行動し、四月にはリンガ、タウイタウイで機動部隊への糧食補給に従事した。九月より昭和二十年一月まで、サイゴン、リンガ、ブルネイ方面に行動した。二月一日、スラバヤ西方で触雷して航行不能となり、スラバヤにおいて修理した。その後、バリ島へ二回補給を行ない、無傷のままスラバヤで終戦を迎えた。

野埼（のざき／給糧艦）

基準排水量六四〇トン、水線長四十九メートル、速力十三ノット、八センチ高角砲一門。

昭和十六年三月十八日、三菱下関造船所で竣工した雑役船（冷凍船）の南海を特務艦として昭和十七年四月一日、野埼と改名したもので、海南警備府所属で香港、海南島方面への糧食補給に従事した。

昭和十八年十一月十九日、海南島の海口において敵機の攻撃により軽微なる損傷をうけ、海南工作部で修理した。その後も香港、海南島、仏印南岸方面にて糧食補給に従事していた。

昭和十九年十二月二十八日、海南島よりサイゴンへ向かう船団にくわわって航行中、仏印バレラ沖、北緯一二度三六分、東経一〇九度二八分の地点で敵潜の雷撃をうけて沈没した。

鞍埼（くらさき／給糧艦）

昭和十九年五月十日、北樺太石油会社より汽船おは丸（昭和三年三月竣工）を購入して鞍埼と改名。連合艦隊付属となり舞鶴で改装、八月末に工事を完了した。二三七一トン、速力十三ノット、八センチ高角砲一門。

昭和十九年七月一日、南西方面艦隊付属となり、九月三日より舞鶴〜高雄間の船団護衛および糧食輸送に従事し、ついで高雄〜マニラ間の糧食輸送を二回おこなった。その帰途の十一月十五日、ルソン島西方において、米潜レートンの雷撃をうけて沈没した。

宗谷（そうや／測量艦）

昭和十三年六月竣工、辰南商船の地領丸を十五年二月に購入して運送艦としたが、耐氷構造と測量施設を有した。三八〇〇トン、七十七・五メートル、十二・一ノット、八センチ高角砲一門。

開戦時には横須賀鎮守府所属で父島、トラックへの軍需品輸送に従事し、昭和十七年一月二十日、第四艦隊付属となり、測量隊と測量器材を搭載して三月八日、ラバウルへ進出して同方面の測量、攻略作戦に従事した。モレスビー攻略作戦、ついでミッドウェー作戦に参加し、六月末よりカビエン付近の測量に従事した。十月より一年間ブーゲンビル島方面の測量に従事した。

昭和十八年十月よりクェゼリン方面の測量に従事した。昭和十九年二月十七、八日、トラックにて敵機動部隊の攻撃をうけ、回避しているうちに座礁し翌十九日離礁、トラックをへて四月七日、横須賀へ帰港して修理した。以後、横須賀方面で整備して待機していたが、昭和二十年になって横須賀〜北海道間の石炭輸送に三回従事した。無傷のまま横須賀で終戦を迎えた。戦後は復員輸送ののち海上保安庁に属して南極観測船として活躍した。

大泊（おおどまり／砕氷艦）

大正十年十一月七日、神戸川崎で竣工した海軍唯一の艦。基準排水量二三〇〇トン、六十・五メートル、十四ノット、一二・七センチ連装高角砲二基。開戦時は大湊警備府所属で、宗谷防備隊担任海面の防備に従事した。

つねに大湊、大泊、函館方面に行動、宗谷海峡、樺太東岸において哨戒、海上交通保護に従事し、ソ連船の臨検を行なった。昭和二十年七月二十日、横須賀へ回航し、無傷のまま横須賀で終戦を迎えた。

筑紫（つくし／測量艦）

前線の危険海域の強行測量を任務として最初から測量艦として設計建造された唯一の艦で、一四〇〇トン、八十三メートル、十九・七ノット、連装高角砲二基、連装機銃二基、写真測量用の小型水偵一機を搭載。昭和十六年十二月十七日に三菱横浜で竣工して第三艦隊付属となり、横須賀を出港してダバオへ進出して、メナド、ケンダリー攻略作戦を支援した。

昭和十七年三月十日、第二南遣艦隊付属となり、スラバヤ、ダバオ方面に行動し、測量、船団護衛に従事した。九月二十五日、第四艦隊付属となり、ギルバート方面の測量を行なった。横須賀で整備した後、昭和十八年五月二十日、第八艦隊付属となり、ラバウル方面へ進出して護衛輸送作戦に従事中の十一月四日、カビエン付近で磁気機雷に触れて沈没した。

海軍唯一の砕氷艦・大泊。厚さ２ｍの砕氷能力を有し、北方海域に行動した

勝力（かつりき／測量艦）

昭和十七年七月二十日、敷設艦（三〇二頁参照）より大幅な改造が行なわれて艦容を一変、特務艦となった。第一南遣艦隊付属で第三測量隊を搭載して、マラッカ海峡、ビルマ、スマトラ方面の測量に従事した。昭和十八年七月よりハルマヘラ、西部ニューギニア方面の測量に従事した。昭和十九年になってセレベス、アンボン方面に行動し、三月末よりスラバヤで整備を行なった。九月二十一日、マニラ南西方八十浬の地点において敵潜の雷撃をうけて沈没した。

攝津（せっつ／標的艦）

明治四十五年七月、呉工廠で竣工した戦艦。大正十二年十月、武装装甲を解除して特務艦となり、さらに昭和十二年七月には駆逐艦の矢風から無線操縦される爆撃標的艦に改造。昭和十四年にふたたび装甲を施し中口径弾の標的としても使用された。開戦時は連合艦隊付属で、内海西部において機動部隊の爆撃、雷撃訓練の標的艦となった。

昭和十九年三月一日、第一航空艦隊付属となり、徳山、大分沖方面に行動して訓練に従事した。六月一日、連合艦隊付属となり、相変わらず内海で訓練を行なっていた。昭和二十年七月二十四日、敵機動部隊の攻撃により広島湾で大破し、江田島において乗員なく終戦を迎えた。

矢風（やかぜ／標的艦）

大正九年七月十九日、三菱長崎で峯風型駆逐艦として竣工。昭和十七年四月より改装工事に着手、七月二十日、標的艦として連合艦隊付属となった。改装後、大湊方面にて基地航空部隊の目標艦となった。八月末よりトラック方面で爆撃訓練に従事し、ついでラバウルへ進出して爆撃訓練、基地員輸送に従事した。

昭和十八年三月六日、ラバウル付近で哨戒艇第三十四号と衝突し、呉に帰港して修理した。六月四日よりサイパン、トラック方面にて爆撃訓練、ついでトラック方面で油槽船を護衛中の十一月六日、トラック付近で敵潜と交戦中、玄洋丸と衝突し呉に回航して修理に行なった。昭和十九年五月より北海道方面で爆撃訓練に従事した。昭和二十年六月より横須賀に待機整備していたが、七月二十日の空襲により中破し、そのまま終戦を迎えた。

波勝（はかち／標的艦）

基準排水量一六四一トン、九十二メートル、十九・三ノット、一二・七ミリ連装機銃二基。操艦者の回避訓練にも使用されて爆撃専用標的艦として昭和十八年十一月十八日、播磨造船で竣工して呉鎮付属となり、内海西部で訓練した後、連合艦隊付属となりトラックへ進出し、爆撃訓練に従事した。

昭和十九年二月十七～八日、トラックで敵機動部隊の攻撃をうけ、至近弾により損傷、パラオへ回航されて修理した。三月十八日よりシンガポール方面で機動部隊の標的艦となった。ついでダバオにて爆撃訓練に従事した後、十月六日に船団護衛に協力して呉に帰港し、以後、内海西部で爆撃訓練に従事して、無傷のまま終戦を迎えた。

大瀬（おおせ／給油艦）

昭和十七年七月二十日、オランダ拿捕船ゼノタ号を大瀬と改名、特務艦籍に編入。改装工事の後、十月六日よりパレンバン～シンガポール～上海間の軽質油輸送に従事した。昭和十八年一月より三月までにパレンバンへ二往復した。六月二十四日、奄美大島西方において敵潜の雷撃をうけて大破し、十一月末まで佐世保で修理を行なった。

昭和十八年十一月三十日よりシンガポールへ軽質油の輸送を行なった。昭和十九年二月九日に呉を出港してシンガポールへ輸送した後、三月二十七日、パラオへ燃料輸送を行なった。三月三十日、パラオにおいて敵機動部隊の攻撃をうけて沈没した。

神威（かもい／給油艦）

大正十一年九月に特務艦として竣工、昭和九年六月に水上機母艦（一八九頁参照）となり太平洋戦争では各地の輸送に従事した。昭和十九年一月二十八日マカッサル海峡で敵潜の雷撃により大破。その修理にあたって四月十五日、特務艦に復して連合艦隊付属となった。九月三日に修理を完了し、ブルネイ、マニラ方面へ行動し、ついで香港をへて十一月二十日、神戸に入港した。

十二月三十一日に門司を出港したが、高雄港外で敵機の攻撃をうけ小破したので、昭和二十年一月十三日、香港に入港したが、十六日、敵機の攻撃により大破した。さらに四月二十日にも攻撃をうけて大破し、そのまま香港で終戦を迎えた。

大浜（おおはま／標的艦）

基準排水量二五八〇トン、全長一一九・七五メートル、速力三十三ノット、一二センチ連装高角砲二基。昭和二十年一月十日に三菱横浜で竣工して連合艦隊付属となり、木更津において訓練に従事した。二月より横須賀で待機していたが、八月十日、女川湾にて敵機の攻撃をうけ、大破座礁してそのまま終戦を迎えた。

浅間（あさま／練習特務艦）

明治三十二年三月、英国で竣工した日露戦争当時の装甲巡洋艦。大正十年九月、海防艦となり多年にわたって練習航海に使用された。九二四〇トン。昭和十七年七月一日、海防艦より特務艦となり、候補生の練習艦として呉に繋留されたままで行動はしなかった。

吾妻（あずま／練習特務艦）

明治三十三年七月、仏国で竣工、日露戦争時の装甲巡洋艦。大正十年九月、海防艦となり練習艦として使われた。昭和十七年七月一日、海防艦より特務艦となり、舞鶴に繋留されたまま機関学校の練習艦となっていたが、昭和十九年二月十五日、除籍になり解体された。

春日（かすが／練習特務艦）

明治三十七年一月竣工、イタリアで建造されたアルゼンチン艦を購入した日露戦争当時の装甲巡洋艦。大正十年九月、海防艦となり運用術練習艦として使われた。昭和十七年七月一日、海防艦より特務艦となり、横須賀海兵団岸壁に繫留されたまま練習艦となったが、昭和二十年七月十八日、敵機の攻撃をうけ、浸水により着底したまま終戦を迎えた。

※本書は雑誌「丸」に掲載された記事を再録したものです。執筆者の方で一部ご連絡がとれない方があります。お気づきの方は御面倒で恐縮ですが御一報くだされば幸いです。

単行本　平成二十八年七月　潮書房光人社刊

NF文庫

補助艦艇奮戦記

二〇二一年六月二十二日 第一刷発行
著 者 寺崎隆治他
発行者 皆川豪志
発行所 株式会社 潮書房光人新社
〒100-8077 東京都千代田区大手町一-七-二
電話/〇三-六二八一-九八九一(代)
印刷・製本 凸版印刷株式会社
定価はカバーに表示してあります
乱丁・落丁のものはお取りかえ致します。本文は中性紙を使用
ISBN978-4-7698-3219-5 C0195
http://www.kojinsha.co.jp

NF文庫

刊行のことば

第二次世界大戦の戦火が熄んで五〇年——その間、小社は夥しい数の戦争の記録を渉猟し、発掘し、常に公正なる立場を貫いて書誌とし、大方の絶讃を博して今日に及ぶが、その源は、散華された世代への熱き思い入れであり、同時に、その記録を誌して平和の礎とし、後世に伝えんとするにある。

小社の出版物は、戦記、伝記、文学、エッセイ、写真集、その他、すでに一、〇〇〇点を越え、加えて戦後五〇年になんなんとするを契機として、「光人社NF（ノンフィクション）文庫」を創刊して、読者諸賢の熱烈要望におこたえする次第である。人生のバイブルとして、心弱きときの活性の糧として、散華の世代からの感動の肉声に、あなたもぜひ、耳を傾けて下さい。